阿拉丁少年数学百科

玩出来的数学家

[英]安德鲁·金◎著　[英]托尼·凯尼恩◎绘

牟立群　等◎译

北京日报出版社

图书在版编目（CIP）数据

阿拉丁少年数学百科：玩出来的数学家 / (英) 安德鲁·金著；(英) 托尼·凯尼恩绘；牟立群等译 . -- 北京：北京日报出版社，2023.7
ISBN 978-7-5477-4202-0

Ⅰ.①阿… Ⅱ.①安… ②托… ③牟… Ⅲ.①数学—少年读物 Ⅳ.① O1-49

中国版本图书馆 CIP 数据核字 (2021) 第 258777 号

北京版权保护中心外国图书合同登记号：01-2023-0428
MATH for fun
Copyright©Aladdin Books 2023
Text by Andrew King
Illustration by Tony Kenyon
Photography by Roger Vlitos
An Aladdin Book
Designed and directed by Aladdin Books Ltd.
PO Box 53987
London SW15 2SF
England

阿拉丁少年数学百科：玩出来的数学家

出版发行：北京日报出版社
地　　址：北京市东城区东单三条 8-16 号东方广场东配楼四层
邮　　编：100005
电　　话：发行部：（010）65255876
　　　　　　总编室：（010）65252135
责任编辑：胡丹丹
印　　刷：河北彩和坊印刷有限公司
经　　销：各地新华书店
版　　次：2023 年 7 月第 1 版
　　　　　　2023 年 7 月第 1 次印刷
开　　本：889 毫米 ×1194 毫米　1/32
印　　张：7
字　　数：165 千字
定　　价：68.00 元

目 录

前言

　　当你知道一些数学知识时，你能做的事就有很多了！比如，你可以用数字来做加减乘除，用形状设计房子、桥梁和机器，学会测量长度、面积和容积，用小数和百分数来表达，具有逻辑思维和制定策略的能力。

试一试本书中有趣的活动、实用的实验和好玩的游戏，你一定可以有趣地学习数学。

- 按照步骤说明完成这些活动。
- 根据"贴心提示"寻找实验和游戏的线索。
- 阅读"触类旁通"了解更多类似的活动。

1 黄色的方块代表简单的活动。

2 蓝色的方块代表中等难度的活动。

3 粉色的方块代表难度较大的活动，你得好好地动动脑筋想一想。

第一章

探索数字

数字规则

你在比较小的时候，可能就已经学会用不同方法把两个数字做加法，得出 10。如果你能够快速想起数字规则，像 6+4=10 和 2+8=10，就能帮你解决很多算术问题。

透视眼

如果你知道从 1 到 7 的数字规则，那么，你就可以假装自己有透视眼来表演一个戏法！你需要一个骰子来表演这个戏法，你也可以自己做一个骰子。

1 用彩纸把骰子包起来，在不同的面上贴上表示点数的形状（每种形状的个数与骰子上这一面的点数相同），或者你也可以在彩纸上画出不同的形状。

2 掷几次骰子，每次当骰子停住时，记下骰子顶部和底部的点数。

3 你有没有发现一个规律？如果你发现了这个规律，那么你就可以表演戏法了！告诉你的观众："我有透视眼，能看穿骰子，发现隐藏的点数！"

贴心提示

●这个游戏的秘诀就是，骰子相对两面的点数加起来总是等于7。如果你看到骰子的顶部点数是3，那么它的底部点数肯定是4，原因是：

3+4=7

触类旁通

●下面的戏法就像透视眼戏法，运用相同的规律，你能解出来吗？你需要两个骰子，把一个放在另一个的上面。顶部的点数加上中间和底部的点数等于多少？答案是14！原因是7+7=14。你可以说："我知道藏起来的三个点数加起来是几！"

●右图中藏起来的三个点数加起来是多少呢？如果你能解出3+ ? =14，就能知道答案了。

求和

在算术题中，我们经常会用到"和"这个字。和是一组数字加起来后的得数。

找出 15 !

练习计算多个个位数连续相加求和。用彩色纸板制作一个这样的游戏板，你就可以开始做游戏了。

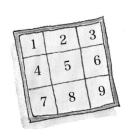

1	2	3
4	5	6
7	8	9

1 用两种颜色的纸板各裁出五个圆。

← 沿着虚线剪

2 沿着圆心到边缘的虚线，把圆剪开。将一边固定在另一边的后面，做成一个圆锥。

3 玩家各自选择一套道具，每次轮流用圆锥盖住一个方块。第一个盖住数字的总数是 15 的人就是胜利者。如果总数超过 15，那就输了。

贴心提示

● 游戏开始时要小心选择比较大的数字，你会很容易输的！
● 在你计算 15 的时候，对手也在试着算出 15。你能阻止他吗？

触类旁通

● 在这场游戏中，是第一个开始游戏好，还是第二个开始游戏好呢？你有办法让自己每次都赢吗？

21 点

● 这是另外一个有趣的游戏。你需要一副纸牌（A 代表点数 1，J、Q、K 和 JOKER 代表点数 10），从这副牌中抽两张。然后，决定是否再抽一张牌。游戏的目的是，让抽到的牌的点数之和接近或等于 21，而不是超过 21。

倒着数

你会倒着数数吗？你能从任何数字开始倒着数，并且让数字之间相差 2 吗？试试从 20 倒着数，再试试从 105 倒着数，如果从 1005 开始倒着数呢？再来试试倒着数时让数字之间相差 3。你会发现，倒着数其实是做减法。

躲黑点！

有人说这是一个古老的海盗游戏。你要做很多的倒数来确保自己不会输。和你的朋友们一起玩这个游戏吧。

1 找十个黄棋和一个作为黑点的黑棋。在圆纸板上画出海盗脸，然后贴到每个黄棋上。把所有棋子摆起来摆放成一个圆柱形，黑棋在最下面。

2 确定玩家顺序。每个人轮流撤掉一至三个黄棋子。谁选到了黑棋，就输了！

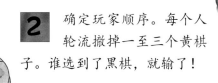

贴心提示

●要想在游戏中表现得更好，可以找出赢的规律。如果你赢过一次，那就试着记住自己是怎么开始的，而你的对手接下来又是怎么做的。

触类旁通

●在这场游戏中，是先开始游戏好，还是后开始游戏好呢？如果增加黄棋，玩法会发生什么变化呢？如果每次只能撤掉一至两个棋子，玩法又会发生什么变化呢？

甜蜜的 16

●玩这个游戏时，可以用计算器。从 16 开始轮流做减法，每次减去 1、2 或 3。如果你在计算器显示屏上给对手留下的数字是 1，那么你就是胜利者。

确定数值

就像英文单词是由字母组成的一样，数是由数字构成的。一个两位数由十位上的数字和个位上的数字构成。数字的位置会影响它的数值，比如，25中"2"的数值是20（两个10），而"5"的数值是5（五个1）。

画出数字

1 你可以自己设计数字来表示数值。你需要准备一些方格纸和几支钢笔、铅笔、颜料或任何你想用来帮助自己设计的东西。

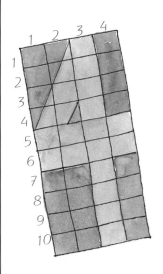

2 选择一个两位数，比如46。画一个由四十个小正方形组成的长方形，用来表示4；再画一个由六个小正方形组成的长方形，用来表示6。在相应的长方形内画出数字。

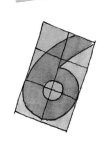

3 用鲜艳的颜色和有趣的图案来装饰数字。现在，看一眼就能发现这个两位数中两个数字的数值分别是多少。

贴心提示

●如果是 40，那你可以画很多种长方形。你可以选择画一个宽边有四个小正方形、长边有十个小正方形的长方形，因为 4×10=40；也可以画宽边有五个小正方形，长边有八个小正方形的长方形，因为 5×8=40。你也可以画其他形状的长方形，但长方形的长边与宽边的正方形个数相乘要等于 40。

触类旁通

●再找一些方格纸。这次不是画长方形来填数，而是剪出任意形状的正方形组合，并在这个形状里设计数。

●你可以用上色的正方形的个数表示数值，例如，如果要表示 30 中的"3"，就要给三十个正方形上色。

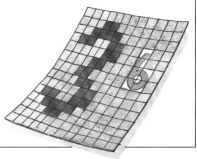

确定数位

数字可以有任意位数！841 是一个三位数，"8" 在百位，数值为 800。如果你重新排列这些数字，例如变为 481，这里的 "8" 在十位，数值就是 80。那么，418 中的 "8" 的数值是多少呢？

三张牌戏法

你可以跟一至两个朋友一起玩这个游戏。

1 用彩色纸板为每个玩家做一个记分卡，如右图所示。然后，做一套卡片，在卡片上分别写上 1～9 这几个数字。每个人拿三张卡片。

2 排列你的卡片，你能排出的最大数是几？排列出最大数的人得 1 分。

3 你能排出的最小数是几？排列出最小数的人得 1 分。

4 用你的三张卡片，排列出多种不同的数字，并将它们写在记分卡上。一个数字得 1 分。

5 把排列所得的数字从小到大排好。如果排列正确，可再得1分。最后得分最多的人获胜。

贴心提示

● 比较相同位数的数哪个较大时，先看这个数最左边的数字。如果最左边的数字较大，那么这个数也较大。如果左边的数字一样，再比较下一位数字。以此类推，直到找出较大的数。

三张牌戏法

数字	5　2　6		得分
最大的数	652		1
最小的数	256		1
不同的数	625		1
	562		1
	256		1
	652		1
从小到大	256		1
	562		
	625		
	652		
总分			7

5 4 6 8
↑　↑　↑　↑
千位　百位　十位　个位

触类旁通

● 5468 中的 "5" 的数值是 5000。用这四个数字，你能排列出多少个数？

11

大，更大，最大

当一个数字比另一个数字小或大时，可以用不等号表示它们的关系，如"<"或">"，在开口那一端的数字更大，例如 10 > 5。

排高分

你可以自己或跟朋友们一起玩这个游戏。让记分卡右边的数字尽可能大。这个三位数的数字就是你的得分。

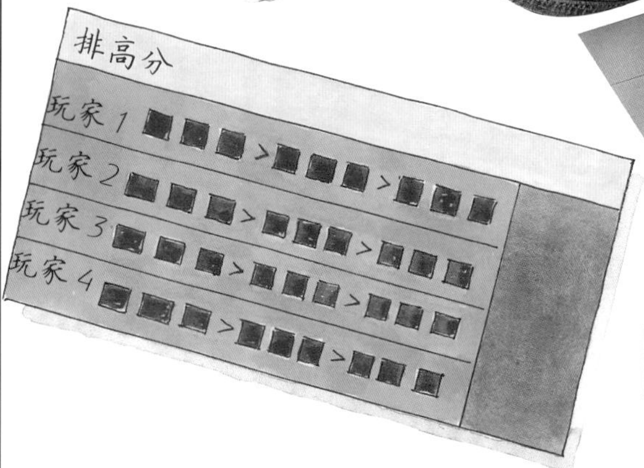

1 做一个像左图一样的游戏板。你可以用彩色纸板和魔术记号笔来制作游戏板。在"玩家"那一栏写上自己和朋友的名字。

2 玩家轮流掷骰子，仔细想想，要把掷出的数字填在哪儿。填好后，不能再改。

3 记分卡的每行都是一个数学关系式。只有当关系式正确的时候，你才能得分！如果你的关系式是 621 > 451 > 233，那么你的得分就是 233。如果数字的排序不正确，那么你的得分就是 0！

贴心提示

● 百位上的数字是最重要的。如果你掷出的数字是 6，最好把它填在哪儿呢？

● 不等号开口一端的数字永远都是较大的数字。

较大的数 > 较小的数

触类旁通

● 发明一个"排低分"的游戏。游戏板要设计成什么样子？你能写出游戏规则吗？哪个数字最应该填在第一列中的百位上？

倍数的符号

数字相乘是把相同的数字多次相加的快速计算方法，因此有些人说"倍数"是乘法的意思。乘法符号是"×"。如果我们想知道 6 个 2 的和是多少，那么就可以写成 2×6，而没有必要写成 2+2+2+2+2+2。

乘法山

爬上高山，看看山顶上的数字是几。

1 用硬纸板剪出一个三角形，从下至上依次画出四块、三块和两块岩石。最后，剪出一张白纸当作"雪"，把雪贴在山顶上。

2 在山的背面贴上两个三角形纸板做支撑，也可以剪下一些云朵装饰。用纸剪出十个圆纸片，在四个圆纸片上分别写上数字 2、1、2 和 3。

3 把每个圆纸片贴在底部的那一排岩石上。相邻两块岩石上的数字相乘，得到的就是这两块岩石上面对应的那块岩石的数字。

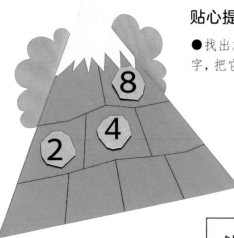

贴心提示

●找出左图中数字8下方缺少的那个数字，把它当作乘法题解答会对你有帮助。

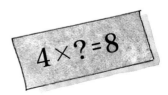

$4 \times ? = 8$

4 数字2和1上面的数字应该是2，这是因为 $2 \times 1 = 2$。算出第二行的三个数字各是几。

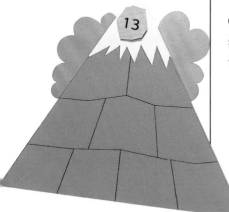

5 把数字写在圆纸片上并贴到对应位置，一直重复这一步，直到到达山顶。

触类旁通

●你能算出左上方图中山上的所有数字吗？

●制作你的乘法山，让朋友们爬到山顶。

●如左下方图把13放在山顶上，然后，在山上填写数字。你会发现什么？

乘法金字塔

●在四块积木上写上一些个位数，这是金字塔的底座。像玩"乘法山"游戏时一样，把相邻数字相乘后的乘积贴在对应的上一层积木上，看看金字塔顶端的数字是几。

15

逆运算

爸爸妈妈是不是说过，你总是跟他们唱反调？在数学里，唱反调叫作逆运算，比如，加 3 的逆运算是减 3。你知道乘 2 的逆运算是什么吗？没错！是除以 2。那么除以 4 的逆运算又是什么呢？

那个数字是几?

1 如图所示，用硬纸板剪出一些小长条。把每个小长条折成三个小方块。用彩色铅笔将中间小方块涂上颜色。

2 接下来，选择一个乘法题，例如 3×8 = 24。数字 3 和 8 是 24 的因数。

8 24 3

3 把乘积写在中间的方块里，因数写在两边的方块里。像这样，制作约二十张不同的乘法题卡片。

4 一人抽一张卡片，把其中一个因数折到卡片背面。另一人试着算出藏起来的那个数字，如果答案是对的，那么他就赢得这张卡片。一直继续下去，直到一个人拿到所有卡片。

触类旁通

● 你可以把这个游戏中的数字换成更难的数字。

遮数字游戏

● 这个游戏也是使用因数和乘积进行。在这个游戏中，只需用手把其中一个数字遮起来。你可以遮住乘积或两边的任何一个因数。看看你的朋友们能猜出被遮住的数字吗。

乘法

快速记住乘法法则对解数学题很有帮助，你可以试着记住本书后面的乘法表。但是，这里有些游戏可以让你更加有趣地学习乘法表！

纸牌戏法

这是一个适合一个人或两个人玩的游戏，你需要一副纸牌，抽掉所有人脸牌。

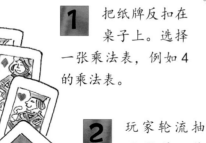

1 把纸牌反扣在桌子上。选择一张乘法表，例如 4 的乘法表。

2 玩家轮流抽两张牌。你能在乘法表里找到卡片上两个数字相乘的乘积吗？

3 如果能找到，就留下这两张牌，再抽下一轮。如果找不到，就把牌翻过来，并由另一个人抽牌。最后，得到牌数最多的人就是胜利者。

4 你可以保留数字为 2 和 6 的牌，并再抽一轮。你能保留数字为 3 和 7 的牌吗？

胆小鬼比赛

这个游戏的目的是取得最高分。

1 你需要准备一个骰子、一个计算器、一支铅笔和一张画有图表的纸。然后，第一个人掷骰子，并记下掷出的数字。

2 再掷一次骰子，把两次掷出的数字相乘。然后，继续掷骰子，把掷出的数字与上次算出的乘积相乘。如果掷出的数字是1，这一轮的得分就是0！你可以用计算器检查自己的计算结果。

胆小鬼 比赛得分	3	×4
	12	×2
你可以像这样 记下得分	24	×5
	120	
		待定！

不过这样的结果不得分。

	4	×2
	8	×1 零分！

你敢不断掷骰子吗，还是做个胆小鬼认输呢？

19

运算能手

试过本书中的其他活动，你将会比开始时更了解加减乘除、逆运算、因数和乘积！你能熟练地运用你所掌握的知识去解决一些数字爆炸难题吗？

数字爆炸

1 你可以通过几种方法算出 10？你可能已经想出了把几个个位数相加可以得出 10。但是你能想出更有趣的方法吗？

把三个数字相加，得到 10 怎么样……

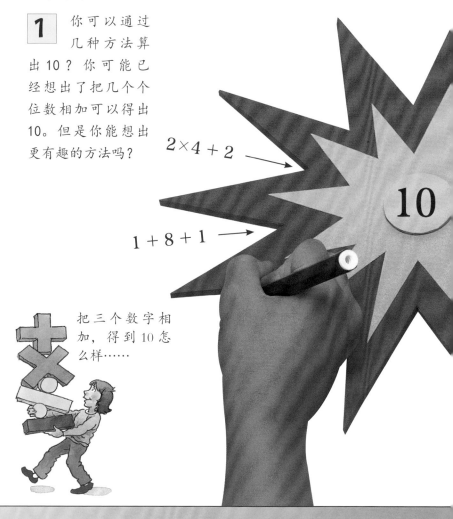

$2 \times 4 + 2$ →

$1 + 8 + 1$ →

10

2 用亮色的彩纸板设计一个超大的爆炸图案（如图），把 10 或你选择的其他数字写在中间。

贴心提示

●如果你记得一些简单的运算法则，就能轻松成为运算能手：

> 减法的逆运算是加法
> 除法的逆运算是乘法

●当你加或减 0 时，会发生什么？
●当你除以或乘 1 时，会发生什么？
●当你乘或除 0 时，会发生什么？

先做加法，再做减法怎么样？

← $1 + 12 - 3$

试着从 1000 开始，你能依次通过加、减、乘或除以一个数字来得到 10 吗？

触类旁通

●你怎样只用数字 1、2、3 和 4 算出 10，且每个数字只使用一次？一个简单的方法是把它们加起来，$1+2+3+4=10$。

●通过不同的运算，找到其他方法算出 10。

$1 + 2 + 3 + 4$ ⟶ 10

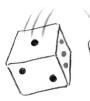

游戏大餐

你知道多少种桌面游戏？你最喜欢的桌面游戏是什么？参考本书中的游戏规则和道具，你能设计一个自己喜欢的游戏吗？

设计你的游戏

1 你可能需要铅笔、钢笔、硬纸板和其他用来制作游戏道具的东西，这取决于你想设计的游戏。

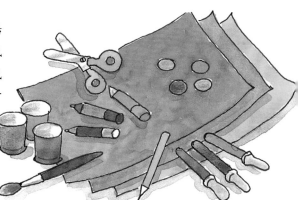

2 你可能想发明一个计数游戏。这个游戏会需要一些写有不同指令的纸牌，如"被囚禁"或"重新开始"。

3 决定谁来玩这个游戏，如果是给弟弟妹妹玩的游戏，那就不要把游戏设计得太难！

4 给你的游戏定个主题，比如动物或体育。以太空做主题怎么样？

5 把游戏规则写下来，你能给游戏想个令人兴奋的名字吗？

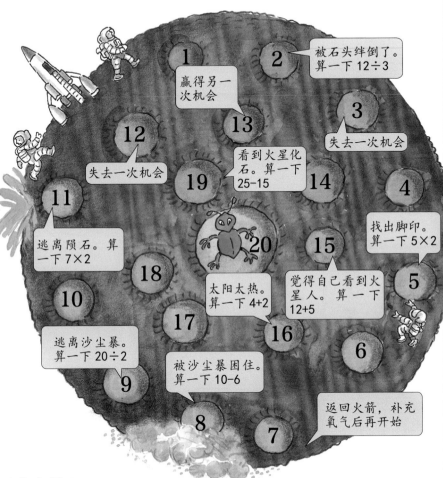

1

2 被石头绊倒了。算一下 12÷3

赢得另一次机会

13

3 失去一次机会

12 失去一次机会

19 看到火星化石。算一下 25-15

14

4

11 逃离陨石。算一下 7×2

20

15 找出脚印。算一下 5×2

18

觉得自己看到火星人。算一下 12+5

5

10

17 太阳太热。算一下 4+2

16

6

逃离沙尘暴。算一下 20÷2

9

被沙尘暴困住。算一下 10-6

8

7 返回火箭，补充氧气后再开始

寻找火星人！

这个游戏适合二至四个人玩。你需要给每个人准备一颗棋子，同时还需要准备一个骰子、一个计算器。计算器用来检查算术题的答案。

掷骰子后移动棋子，如果遇到问题，你必须回答它。第一个遇到火星人的玩家就是胜利者。

23

更多计算题

当你有一个问题要解决时，比如数数你头上有多少根头发，解决这个问题的最好方法是小心猜测或估计一下答案。然后，在你解题时，写下你的计算过程。这样，你就能在出错时进行核对。

新奇的想法

1 试着不看页数算出一本很厚的书有多少页。先估计一下，你觉得有多少页？100页，325页还是809页？

3 你可以看看书的页数来核对自己的答案，你能想出更好的办法来解答吗？

2 你可以数一下一个章节有多少页，再看看全书一共有几个章节。然后用章节数乘以每个章节的页数。这样，你就有了大致答案。

动物园派对

1 如果你要给朋友们办个动物园派对,那就需要做些计算。会来几个朋友? 要准备冰激凌吗?

3 仔细记下预算和你已经用掉的钱。

2 总共要花多少钱? 你有多少零花钱? 零花钱够用吗? 你需要向父母借钱吗?

动物园门票价格	7.5元
朋友的人数	4个
动物园门票总花费	
零用钱	
需要借	15元

全力以赴

想象一下,你刚刚赢了100万元,但是你得在一个星期内把它花掉! 你想怎么花这笔钱呢?

1 找些商品目录和杂志来看看,决定你该怎么花这笔钱。

2 你需要证明自己在一个星期内花光了这笔钱,你该如何证明?

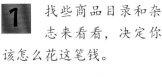

收据

跑车

30 万元

乘法表

1×1=1	1×2=2	1×3=3
2×1=2	2×2=4	2×3=6
3×1=3	3×2=6	3×3=9
4×1=4	4×2=8	4×3=12
5×1=5	5×2=10	5×3=15
6×1=6	6×2=12	6×3=18
7×1=7	7×2=14	7×3=21
8×1=8	8×2=16	8×3=24
9×1=9	9×2=18	9×3=27
10×1=10	10×2=20	10×3=30
11×1=11	11×2=22	11×3=33
12×1=12	12×2=24	12×3=36

1×4=4	1×5=5	1×6=6
2×4=8	2×5=10	2×6=12
3×4=12	3×5=15	3×6=18
4×4=16	4×5=20	4×6=24
5×4=20	5×5=25	5×6=30
6×4=24	6×5=30	6×6=36
7×4=28	7×5=35	7×6=42
8×4=32	8×5=40	8×6=48
9×4=36	9×5=45	9×6=54
10×4=40	10×5=50	10×6=60
11×4=44	11×5=55	11×6=66
12×4=48	12×5=60	12×6=72

1 × 7 = 7	1 × 8 = 8	1 × 9 = 9
2 × 7 = 14	2 × 8 = 16	2 × 9 = 18
3 × 7 = 21	3 × 8 = 24	3 × 9 = 27
4 × 7 = 28	4 × 8 = 32	4 × 9 = 36
5 × 7 = 35	5 × 8 = 40	5 × 9 = 45
6 × 7 = 42	6 × 8 = 48	6 × 9 = 54
7 × 7 = 49	7 × 8 = 56	7 × 9 = 63
8 × 7 = 56	8 × 8 = 64	8 × 9 = 72
9 × 7 = 63	9 × 8 = 72	9 × 9 = 81
10 × 7 = 70	10 × 8 = 80	10 × 9 = 90
11 × 7 = 77	11 × 8 = 88	11 × 9 = 99
12 × 7 = 84	12 × 8 = 96	12 × 9 = 108

1 × 10 = 10	1 × 11 = 11	1 × 12 = 12
2 × 10 = 20	2 × 11 = 22	2 × 12 = 24
3 × 10 = 30	3 × 11 = 33	3 × 12 = 36
4 × 10 = 40	4 × 11 = 44	4 × 12 = 48
5 × 10 = 50	5 × 11 = 55	5 × 12 = 60
6 × 10 = 60	6 × 11 = 66	6 × 12 = 72
7 × 10 = 70	7 × 11 = 77	7 × 12 = 84
8 × 10 = 80	8 × 11 = 88	8 × 12 = 96
9 × 10 = 90	9 × 11 = 99	9 × 12 = 108
10 × 10 = 100	10 × 11 = 110	10 × 12 = 120
11 × 10 = 110	11 × 11 = 121	11 × 12 = 132
12 × 10 = 120	12 × 11 = 132	12 × 12 = 144

第二章

探索形状

正方形和矩形

你对正方形了解多少？它有四个角和四条边，它有什么特别的地方吗？正方形的四条边一样长，四个角都是直角。矩形（长方形）的四个角也都是直角，但它相邻的两边通常不一样长。

躲避黑洞

1 两名玩家必须用矩形遮住一张纸，而且不能掉进黑洞！你需要准备纸、几支彩色铅笔和一把尺子。

2 画出游戏要用的方格，按照图中所示把一张纸纵向对折三次，然后展开纸。再横向连续对折三次。

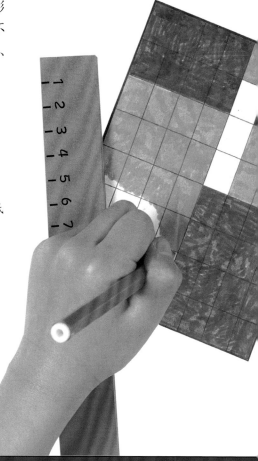

3 展开纸，沿折痕画出方格。然后，选择任意一个方格，画出黑洞。

4 玩家轮流沿着方格线给矩形涂色。你可以画出占很多方格的矩形，也可以画出只占一个方格的矩形。但要注意避开黑洞，因为在黑洞上画矩形，你就输了！

贴心提示

● 尺子可以帮助你把矩形的边画直。
● 你可以在方格上画个正方形，因为正方形是特殊的矩形！

触类旁通

● 如果你擅长玩"躲避黑洞"游戏，你也可以尝试一下"躲避海怪"游戏！

● 再画一遍方格，但这次在上面画四个海怪。

● 你能画出矩形并避开海怪吗？

嵌合

你家房子里有瓷砖吗？厨房或浴室的墙壁或地面上可能会铺瓷砖。瓷砖一般都是正方形的，这样更容易拼接，不留间隙。当一个形状像瓷砖这样拼接在一起时，我们就会说这个形状是嵌合的。

镶瓷砖

你可以用正方形拼出有趣的形状。你需要准备一些纸、厚纸板、一支圆规、胶带、剪刀、一支铅笔和几支彩色记号笔。

1 用厚纸板剪出一个边长约为5厘米的正方形。

2 在正方形的一边剪下一块三角形，并将其放到正方形相对一边的相对的位置。

3 用胶带把两个图形粘贴在一起，作为新瓷砖。然后，把新瓷砖放在白纸上，并用铅笔沿着瓷砖边缘轻轻地画出它的轮廓。

4 把瓷砖拿起来，放在跟刚刚画的轮廓相嵌合的位置上，不能有任何间隙哦！在纸上重复这个动作，直到整张纸都画满轮廓。

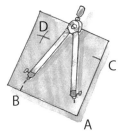

5 用一支粗记号笔描出瓷砖的轮廓，并用鲜艳的花纹装饰瓷砖。

贴心提示

● 你可以用圆规来画正方形。打开圆规的两条支腿，使支腿之间相距约5厘米，把支点放在纸的一角(A)，转动圆规，用铅笔在纸的两边分别标记（B和C）。再把圆规的支点分别放在B和C上画短弧，在两条短弧相交的位置标上D。用尺子在A、B、C和D之间画直线，剪出正方形。

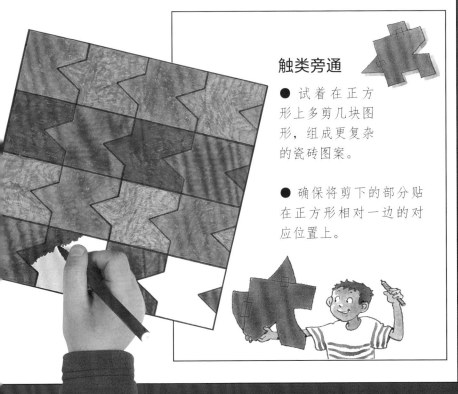

触类旁通

● 试着在正方形上多剪几块图形，组成更复杂的瓷砖图案。

● 确保将剪下的部分贴在正方形相对一边的对应位置上。

立体图形

像正方形和矩形这样的形状是平面的，它们的两个维度是长度和宽度。像麦片盒和罐头这样的立体图形还有高度。立体图形是由面围成的，将立体图形适当剪开就可以展开成平面图形。

渔网

骰子的六个面都是正方形，我们把这种图形叫作立方体。如果你能展开立方体来做一张渔网，那这张渔网是什么样子的呢？

1 用硬纸板做六个相同大小的正方形，这就是立方体的六个面，在每个面上画出渔网和鱼。

2 把这些正方形拼起来，做成立方体的平面图。如果把这张平面图折起来，会构成一个立方体吗？

3 在正方形不相邻的边粘上胶带，将整体折成一个立方体。你成功了吗？如果成功了，那就把它再展开，画出平面图形。

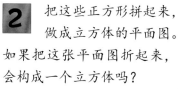

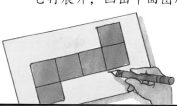

4 你能找到其他用正方形排列出的方法来构成立方体吗？

贴心提示

● 快速做出一个大正方形的方法是将一块薄纸板的一角折到对面一侧，如图，直到一边与相邻的另一边完全重合。

● 在纸边重合的地方画上直线，然后把剩余的那一小块折一下，沿着折痕把纸板剪开，就出现一个正方形了。

长度一样

沿着线剪开

触类旁通

● 画出一些能够构成立方体的平面图，再画一些不能构成立方体的平面图。

● 让朋友通过观察猜猜哪些平面图能构成立方体。

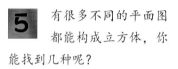

5 有很多不同的平面图都能构成立方体，你能找到几种呢？

三角形

我相信你知道三角形是什么样的,但你知道它有多么神奇吗?你可以用它构成很多有直边的形状。移动这些三角形,看看你用它们能组成什么形状!

行走的三角形

1 用尺子在硬纸板上画出一个三角形,小心地把三角形剪下来。用记号笔在三角形一个角的正面和背面相同位置做上记号。

2 把三角形放在一张纸上,固定好有记号的那个角,确保它不会从那个点移动。然后画出三角形的轮廓。

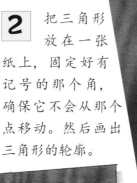

3 把三角形翻个面,保持有记号的那个点不动,轮廓的边缘要紧贴三角形,再沿着三角形画出它的轮廓。

4

重复这个动作，直到画出的轮廓开始重合。用尺子沿着组成形状的边缘画线，并小心地给三角形上色，画出美丽的图案。

贴心提示

● 快速地用铅笔沿着三角形轻轻地描边。如果画错了，很容易就能把它擦掉。别忘了用记号笔和尺子再描一遍这些线。

触类旁通

● 在画的三角形快重合后，继续画下去。接着画三角形！你画的形状有什么变化吗？去吧，赶快尝试一下！

多种三角形

三角形有很多种。

等腰三角形的两条边长度一样。上图中有记号的两条边长度一样。

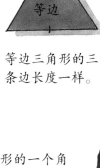

等边三角形的三条边长度一样。

直角三角形的一个角跟正方形的角一样，是直角。

不等边三角形的三条边长度不一样。

快步走！

1 这个游戏可以由二至四个人一起玩。先做十二张卡片，在卡片上画等边三角形、等腰三角形、不等边三角形和直角三角形，每种三角形各画三个。然后，在背面画上记号。

2 找个骰子，用红色的贴纸把骰子的每个面都盖住。在骰子的两个面上写"失去机会"，其他面上分别写"不等边三角形""等腰三角形""等边三角形"和"直角三角形"。

3 把卡片面朝上放在地板上，每个人分相同张数的卡片。大家轮流掷骰子，如果骰子掷出的是你卡片上的三角形，那就把卡片翻过来。

4 第一个翻完所有卡片的人就是胜利者！

贴心提示

● 等边三角形
画一条线，打开圆规量取这条线的长度。把圆规的支点分别放在这条线的两端，画两条短弧。把短弧相交的点与线的两端用直线连起来。

● 等腰三角形
画一条短线，打开圆规，让两条支腿的距离比这条线长。按照上面的方法，画两个短弧。把短弧相交的点与线的两端用直线连起来。

● 直角三角形
把任意大小的废纸板大致对折，形成一个直角测量器。再对折一次，使得两次对折的折线相互垂直。沿着测量器的两条直边画线，再用尺子画一条线把两端连起来。

● 不等边三角形只要画出一个三条边长度都不一样的三角形就可以了。

锥体

四面体是个立体图形，是有四个面的锥体。四面体的四个面都是三角形。你可能看过其他形状的锥体，比如埃及金字塔，它有四个面是三角形，还有一个底面是正方形。

金字塔骷髅！
你敢接受金字塔骷髅的挑战吗？

1 如果你可以接受挑战，那就准备一些吸管、剪刀和黏土。

2 把六根吸管都剪成约10厘米长。

3 用黏土把三根吸管粘成一个三角形。

4 然后，在三个角上各粘上一根吸管，再把它们朝着中心方向拉，直到顶端碰到一起。再用一些黏土把顶端粘牢。

贴心提示

● 不需要尺子也能快速获得长度相同的吸管。把一根吸管剪到你想要的长度，然后照着这根吸管剪其他吸管。

5 你已经做出了一个四面体的骨架，你能用八根吸管做出一个底面是正方形的锥体骨架吗？

触类旁通

● 试着做一个星形骨架，你需要三十六根同样长度的吸管。吸管不能太长，否则骨架会不牢固。用其中十二根吸管做一个立方体。

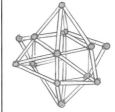

● 在立方体的每个面，用四根吸管做个金字塔。你很快就能做出一颗漂亮的"星星"！

41

圆形

在纸上画出盘子的轮廓，并剪下来。

你可以把圆形对折两次，对折线相交的点就是圆心。沿着横穿圆心的折痕画条线，这条线叫作圆的直径。圆形的边长叫作周长。

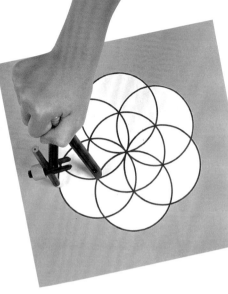

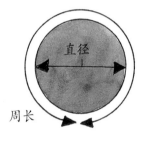

直径

周长

画雏菊

1 用画圆形的方式，你可以画出美丽的花朵！你需要准备一支圆规、一张纸、几支记号笔和几支铅笔。

2 用圆规在纸的中间画个圆形。拿起圆规，但不要移动它的支腿！把圆规的支点放在周长的任意一点上，再画一个圆形。

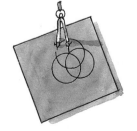

3 不要移动支腿，把圆规的支点放在两个圆形相交的位置上，再画第三个圆形。

4 像这样，在两个圆形边缘相交的位置，再画第四个圆形。重复下去，直到画出一个可爱的图案。

5 你可以用漂亮的颜色涂色，让它变成美丽的雏菊！

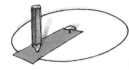

贴心提示

● 没有圆规也可以画圆。你可以制作一个绘圆器。

● 你需要一块硬纸板、一把剪刀、一颗大头钉和一支铅笔。剪下一个硬纸板条，在两端用大头钉各钻一个孔。把大头钉留在纸板的一个孔里，把铅笔插在另一个孔里，在一张白纸上推动铅笔。现在，你可以画出很多圆形了！

触类旁通

● 试着画出不同的图案。先画一个圆形，然后把圆规的支点放在圆周的任意一点，同时保持支腿不移动，再画一个圆形。在两个圆形相交的地方，画第三个圆形。接着，给所有两个圆形相交的点做上标记，并以它们为中心再画三个圆形。根据自己的喜好，多次重复这个动作，你有没有注意到出现了一个嵌合在一起的图案？

变形的圆

通过变大、变小和其他方式，形状会发生变化。一些圆状物体可以通过拉伸变成椭圆状。

做"鬼脸"

1 要做"鬼脸"，你需要找一张老照片，或从杂志上找一张人脸照片。要确保脸在照片上占的面积足够大！

2 把圆规的支点放在照片人脸的中央，轻轻地在脸外侧画一个大圆，并把这个圆形剪下来。

3 像这样，把圆形面朝下翻过来，从脸的一侧往另一侧剪出多条线。剪出的线条可以是直的，也可以是弯曲的。

4 把剪出的纸条面朝上，并重新摆成一个圆形。然后，重新摆放纸条，使相邻纸条的间距相等。这时，就出现了一张可笑的"鬼脸"！把"鬼脸"贴到硬纸板上。

贴心提示

● 在杂志照片后面贴上硬纸板，可以让它坚固一些。接着，画个圆并把它剪下来。

触类旁通

● 试着在人脸外侧画其他形状，比如正方形、三角形或你创造出来的特殊形状。

● 你可以如图展示的那样，用不同的方式重新摆放纸条。

45

圆心、扇形和圆锥

半径

用圆规画圆时，圆规的支点位置就是圆心，圆心到圆周的距离叫作半径。如果你从圆心到圆周两点画两条线，就会形成扇形。

扇形

帽子

设计派对用的帽子非常有趣！你需要准备足够多的彩色纸板、记号笔、剪刀、胶带、一支圆规以及用来装饰帽子的彩色纸带和图形。

1 在硬纸板上用圆规画一个大圆，然后画出一条半径，再画出另一条半径。你可以通过调整这两条半径所形成角的大小来画出不同大小的扇形。

2 像这样，把圆和扇形剪下来，小心地把较大的扇形边缘贴在一起，你就做成了一个圆锥！

贴心提示

● 要想让朋友们的帽子戴得牢固，可以在帽子的两边各钻一个小孔。然后，用橡皮筋穿过小孔，两边各打个结固定一下。

3 用图形和彩色纸带装饰帽子！

触类旁通

● 试着从圆上剪出不同大小的扇形，圆锥的形状会发生什么样的变化呢？

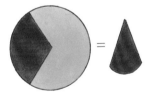

● 剪下的扇形较大，帽子就会很尖。剪下的扇形较小，帽子就会很扁。

多边形

多边形是平面的二维形状，是由三条或三条以上的直边连接而成的平面图形。

猜形状

如果你不知道形状的名字，该如何描述它？

1 此游戏可以有三个或三个以上玩家。你需要准备一些硬纸板、剪刀、几支铅笔、一把尺子、纸和一个不透明袋子。

2 在硬纸板上画一些形状，构成形状的线条必须是直线，但线条的长度和角度可以任意画。然后，把它们剪下来，放进袋子里。

3 其中一个人选择袋子里的一个形状，然后把它藏好。让其他人在看不见形状的情况下，听你描述它。

4 其他人要试着把描
述的形状画出来。
等大家都画好后，把形状
从袋子里拿出来。画得最
像的人胜利。

贴心提示

● 做些练习后，你就会很擅
长描述多边形了。

● 试着描述直边的数量。它
是长还是短呢？

● 这个形状的边角是什么感
觉？很尖锐吗？

触类旁通

● 试着再玩一次这个游
戏，但这次要用到具有
曲边的形状，例如圆形、
椭圆形或你自己做出来
的形状！

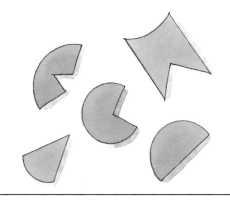

七巧板

　　七巧板是中国一种古老的智力玩具，有点像拼图。有人认为七巧板的历史至少超过两千五百年了！七巧板由五个三角形、一个正方形和一个平行四边形组成。平行四边形是一种特殊的四边形。

七巧板拼图

　　你需要准备一块正方形的硬纸板、几支记号笔、一把尺子和一把剪刀。

1 　像这样，在硬纸板上画出十六个正方形组成的网格。用记号笔和尺子，按照下图描出七巧板的形状。

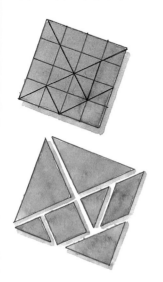

2 　把这七个形状剪下来，打乱顺序，你能把它们拼回正方形吗？看看你的朋友能不能拼回正方形！

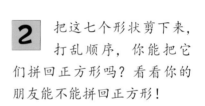

3 也许你觉得这很容易！但你能把这七个形状拼成一个长方形吗？

4 试着用七巧板拼出一只猫的形状。记住，七个形状都得用上！

贴心提示

● 要做出由十六个正方形组成的网格，可以把一块正方形硬纸板纵向对折两次。把纸板展开，按照刚才的方式横向再对折两次。你就可以在这块纸板上描出七巧板的形状了。

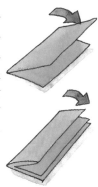

触类旁通

● 自己设计一个七巧板拼图，每个拼图都必须要用七个形状。

● 先仔细地在纸上摆好形状，然后用铅笔轻轻地画出轮廓。

● 用尺子和记号笔再描一下轮廓，让它更清楚。最后，给你的拼图取个名字，比如"龙"。让你的朋友用七个形状拼出你的拼图。

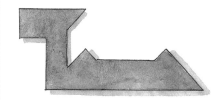

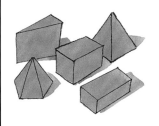

多面体

多面体是一种立体图形，可以有多个面。四面体有四个面，立方体有六个面，而八面体有八个面！

建筑大师！

如果你仔细地观察一下家里，就会发现很多不同的立体图形：麦片盒、厕纸筒、球、骰子或长方体。也许你还有些木头积木。

1 要玩这个游戏，你需要五种立体图形，每种立体图形要两个。你可以把它们涂成相同的颜色，但先要征求大人的同意。

2 准备好后，与朋友背靠背坐好。用所有的立体图形搭建一个"建筑"，要确保朋友看不到！

3 清楚地描述你的建筑是怎么搭建的，看看你的朋友能不能搭出一模一样的。

4 描述完、搭建完后站起来看看彼此的作品！

贴心提示

● 描述每个形状的位置会对朋友有帮助，你可以说：

长方体在最上面
或
在……的右边
或
在……的下面
或
在……的旁边
或
碰到……的角

你还有什么办法能帮朋友的忙呢？

触类旁通

● 玩一个有趣的记忆游戏。把所有立体图形都放在桌子上，让朋友记忆。再让朋友们转过身，你拿走一个立体图形，打乱桌上其他立体图形的位置，然后喊"开始"！让朋友猜出你拿走的是哪个立体图形！

53

常见形状

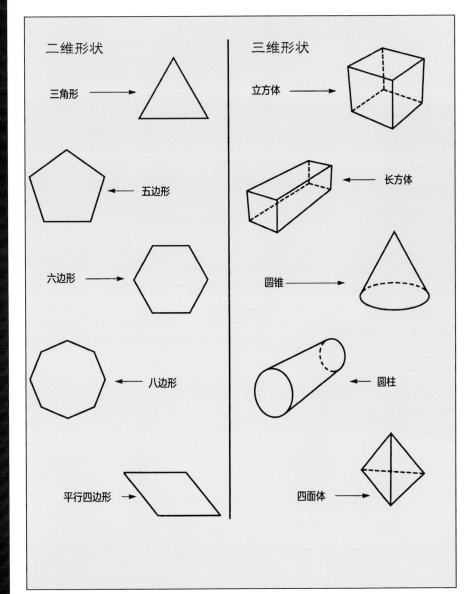

二维形状

三角形 →

五边形 ←

六边形 →

八边形 ←

平行四边形 →

三维形状

立方体 →

长方体 ←

圆锥 ←

圆柱 ←

四面体 →

第三章

测量大小

直线的长度

你有多高？你能用手够到哪儿？要想回答这类问题，我们就需要测量长度。人们过去通过数有多少个手长来测量长度。现在，大多数人使用"米"这一度量单位来表示长度。

赛马游戏

你的小马可以第一个冲过终点吗？

1 找出一张卡纸，将这张纸纵向对折，然后沿着折线剪开。拿出另一张卡纸，重复相同的步骤，最终得到四张小卡纸，将它们粘成一张长纸条。

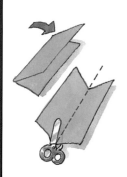

2 拿出刻度尺，将其放在卡纸中间，如图沿着刻度尺边缘画一条直线。

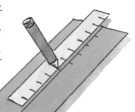

3 在这条直线上，用铅笔标记 1 ～ 30 厘米之间的刻度。

4 装饰卡纸，让它看起来更像一个赛道。制作一个终点杆，把它竖在赛道的一端。然后，剪出两匹马和两位骑手的形状，涂上鲜艳的颜色。

贴心提示

● 制作长纸条时，将卡纸反过来紧挨着排好，注意不要重叠，然后用胶带贴住接缝。

5 从厚卡纸上剪一个长方形，粘在每一匹马底部。要使马站立，可以用橡皮泥把马和长方形卡纸粘在一起。

触类旁通

● 你可以制作一些"危险卡"来让这个游戏更加有趣！

● 如果某位同学掷骰子掷出 1 点，他就要选一张卡。卡上可能写着"鼠惊马，轮空一次"或者"高高围栏，后退 10 厘米"。

6 将两匹马放在起点，然后轮流掷骰子，向前移动马。第一个冲过终点杆的是赢家！

测量曲线

我们用直尺测量长度时，常常会遇到困难，因为不是所有的东西都是直的。

不过，世界上要是没有起伏和曲线，将会多么无聊呀！要怎样去测量曲线呢？

蠕动的虫子

你的朋友可以猜出曲线的长度吗？来制作一些"蠕动的虫子"，并弄清楚怎么测量它们吧！

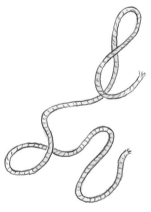

1 找出一根有颜色的绳子或者粗线，用直尺测量出不同的长度。你可以分别剪出 5 厘米、10 厘米、15 厘米、20 厘米长的绳子。

2 将这些不同长度的绳子以弯曲的形态粘贴在不同的卡纸上，然后描出每条绳子的形状，让它们看起来像蠕动的虫子。

3 在每张卡纸的背面写上长度，这样你就不会忘记了。

4 让朋友猜一猜每条虫子的长度。猜测结果最接近的人是赢家！

10厘米 20厘米

贴心提示

● 如果很难猜对的话，你可以教他们使用"拇指尺"来估测长度。小拇指大约1.2厘米宽，因此你可以用小拇指沿着"虫子"的背部移动，从而估算它的长度。

触类旁通

● 你还可以尝试估测一些物体的周长。对半切开不新鲜的蔬菜，然后在纸上沿着它的边缘描边。

● 弄清楚蔬菜真正的周长：首先，用绳子围住轮廓，并做好标记；然后，拉直绳子，用直尺测量标记的长度；最后，看看自己的猜测和测量结果相差多少！

人体测量

当你碰到很久没有见面的人时，他们总会说"你已经长这么高啦"！人们通过测量身体尺寸，能够找到合身的衣服以及合脚的鞋子。

人体骨架

你可以制作一个人体骨架来展示你的身体尺寸！

1 找出一些卡纸，然后将它们剪成长纸条。

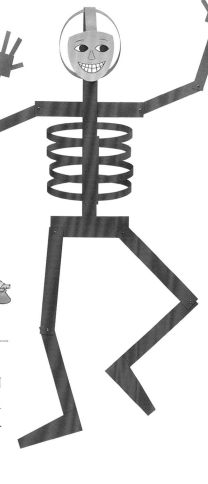

2 借助卷尺测量你脖子根部到臀部的长度。然后，粘贴长纸条使长度与测量的值相等。这一部分为脊柱，在纸条上做好标记，以防忘记。

3 现在测量出你臀部
的宽度。剪开长纸
条，使长度与实际臀部宽
度相等，并借助开口扣件把它和
其他纸条固定在一起。将扣件同时穿过这两张
纸条，然后将开口处分别向两边弯折。这里可
以请大人来帮助完成。

4 测量身体其
他部位的长
度，然后将相应
长度的纸条用开
口扣件全部固定
在一起，来完成
"骨架"的制作！
你测量了哪些部
位呢？手指和脚
趾测量了吗？

贴心提示

● 可以先画一个人物简笔图，标明你需要测
量的身体部位。每测量一个部位，就将测量
值写在简笔图上。

● 然后，你可以将所有纸条
剪成相应的长度，并粘贴
到一起。纸条厚一些的话
骨架看起来会更加逼真。

● 你可以在骨架上增加一
个"头骨"。借助卷尺来
测量你的头围，然后剪出相应长度的纸条，
把它环绕成圈并粘贴起来。

● 再次进行同样的步骤，从上到下围着你的
头来测量。然后环绕成圈，将它和第一个圈
固定到一起。

● 在卡纸上画一个笑脸，把它用胶带粘贴到
制作好的头骨上。

面积

你家里的浴室或者厨房贴有瓷砖吗？我们用面积来表示瓷砖覆盖区域的大小。瓷砖通常是正方形的，我们常以单个正方形的面积作为单位测量面积。

快速翻转瓷砖

将正方形翻转成你方代表的颜色，让你方代表颜色覆盖所有的面积。

1 找出两张相同大小、不同颜色的卡纸，比如红色和绿色，将这两张卡纸背对着粘在一起。在卡纸上画边长2.5厘米的正方形网格。这些正方形就是你的"瓷砖"。

2 剪出十六块瓷砖，然后开始玩游戏了。

3 翻转瓷砖，让其中八块瓷砖是红色，另外八块瓷砖是绿色。如图把它们放在一个大正方形卡纸上。

4 第一个玩家是绿方，先掷骰子。如果掷出 3 点，可以将三块红色瓷砖翻转成绿色。

贴心提示

● 当你将卡纸粘在一起时，一定要在整个卡纸上涂满薄薄的胶水。如果你不这样做的话，在你剪下正方形方块时，有些可能会分开。

5 然后轮到红方玩家了，如果掷出了 1 点，就把一块绿色瓷砖翻转成红色。

触类旁通

● 你可以将正方形瓷砖的数量变得更多。你还知道其他能够组成正方形的瓷砖数量吗？你可以尝试用四块瓷砖，其他数量也可以试一试。这些特殊的数量就被称为平方数。

6 两位玩家轮流进行，直到一方玩家把所有的瓷砖都翻成本方的颜色，他就获胜了！

测量面积

像测量长度一样，世界上的一切并不都由直线或者简单的正方形构成，能够被人们很容易就估算或测量出来。真正需要测量的面积大多是不规则的形状。

大脚？

你认为脚和手哪个部位覆盖的面积更大？迅速比较一下。

1 用直尺在纸上画出网格。"贴心提示"会告诉你如何操作。

2 把你的一只脚放在网格上，让你的朋友用荧光笔沿着脚边画线。然后将这个形状涂上颜色，方便你清楚地看到。

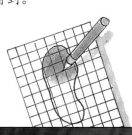

3 在另一张方格纸上，重复同样的步骤，画出手的形状。

4 想知道脚所占的面积，首先，要数出图片里完整的方格。

不是这样的方格

5 其次，数出图片中颜色覆盖超过一半方格的正方形。你可以数像这样的方格。

6 脚所占的总面积是多少呢？现在再来数一下手所占的面积。哪个占的面积大呢？

贴心提示

● 制作正方形网格，要先沿着纸边将直尺竖直摆放，画一条直线。然后，把尺子沿着纸张平行移动，使它的边重合在你刚才画的直线上，再画一条直线。在纸上重复这个步骤，再将直尺水平摆放重复相同的步骤，这样就画出网格了。

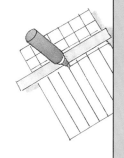

触类旁通

● 你还可以试着量一量爸爸妈妈的脚的面积。

● 先猜一猜，再量一量。你要小心难闻的气味哦！

计算面积

有时，用乘法来计算面积会来得更加简单。如果你想知道一个长方形的面积，需要做的就是用长度乘以宽度。

计算面积

要玩好这个游戏，你需要有很好的估算能力和良好的记忆力。

1 在一张纸上画出几个长方形。

5厘米

2厘米

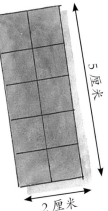

2 第一个长方形可以是 5 厘米长、2 厘米宽，这个长方形面积为 2×5=10 平方厘米。

4厘米

4厘米

3 第二个长方形的长和宽都可以是 4 厘米，面积为 4×4=16 平方厘米。如果你画出正方形网格，很容易就可以看出它的面积。

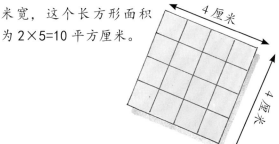

4 在卡纸上画出大约十个不同的长方形。用字母在每个长方形上做记号，并在另一张纸上写下长方形的面积作为答案。然后把答案藏起来。

A=2 平方厘米
B=20 平方厘米
C=10 平方厘米
D=30 平方厘米

贴心提示

● 为了降低难度，你可以在每张卡纸的角落画上一个 1 平方厘米的正方形，来帮助他们估算面积。

5 现在，让朋友估算每个长方形的面积。估算结果最为准确的人获胜！

1 平方厘米

触类旁通

● 有些长方形看起来不同却有着相同的面积。

● 长 6 厘米、宽 3 厘米长方形和长 9 厘米、宽 2 厘米的长方形面积相同，因为 $3 \times 6 = 2 \times 9 = 18$ 平方厘米。

● 来玩一个新的游戏吧。这次画出的所有长方形要形状不同，但面积相同。你的朋友会察觉出来吗？

周长

一个图形的周长是围成图形的边长之和。测量出由直线围成图形的周长是相当简单的，你可以用直尺测量图形的

每一条边长，然后全部相加得出总数。

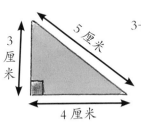

3+4+5=12 厘米

绳子图形

一个有趣的方法让许多奇怪和不寻常的形状都有相同的周长。

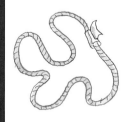

1 量出一条1米长的绳子。如图，用一段胶带将绳子的头尾连接在一起。

3 接下来，用一支铅笔给围成的图形描边。然后用你最喜欢的颜色涂出它的面积。

2 拿出一张大纸，将绳子放在上面。然后，把绳子摆放成一个有趣的形状，确保绳子没有互相交错。

4 现在，在图形外涂上不同的颜色。等到颜料干后，用黑色记号笔再描一下图形的边，让图形更加明显。

5 尝试用同一根绳子围成新的图形，两个图形的周长仍然会是一样的！

6 无论你用这根绳子做出什么样的图形，周长始终都是 1 米！

贴心提示

● 要想更顺利地在纸上沿着绳子描边，你可以用一些橡皮泥将绳子固定在纸上。

触类旁通

● 你可以用 1 米长的绳子依次将你名字的拼音首字母都围成周长是 1 米的图形吗？

● 你可以在不同的纸上分别围出每个字母，然后装饰一下。

面积和周长

周长是图形所有边长的总和，而图形所占的二维空间的大小被称为面积。一些图形面积相同，但周长不总是相同的。

拼接方块

你能移动八个方块，拼出最大周长的图形吗？

1 制作出八个正方形卡片后，尝试排列一下。每个正方形至少得挨着另一个正方形的一条边。

2 如果你像这样排好这些卡片，那么，它的周长为十四个正方形边长。

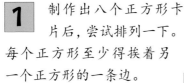

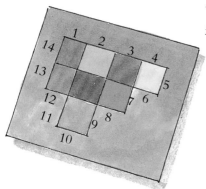

3 你能拼出的最大周长是多少呢？

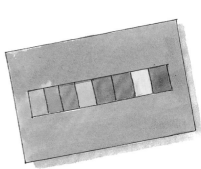

4 如果你认为你已经找
到了最大周长，再试
着找一下最小周长！

触类旁通

● 你可以用很多方法来拼出最大的周长。下图是其中的一种方法。

● 拼方块时，尽可能让正方形的每条边都成为周长的一部分。

● 现在你知道规则了，用十二个方块拼出最大周长的图形应该为二十六个边长。那么，如果你用二十四个方块拼接图形，最大的周长会是多少呢？

最大值

如何找出最大值是算术中经常碰到的一个问题。当周长保持不变时，知道如何求出面积的最大值，对解决生活中许多实际问题很有帮助。

农民的篱笆

帮助农民围好篱笆让他能有足够大的空间来养小鸡。

1 农民只能提供十六块篱笆板，每块板长 1 米。按照直线或者垂直的角度，将篱笆拼到一起。

2 在家长同意后，你可以使用烧过的旧火柴代表篱笆板。

3 如果像右图这样摆放篱笆，篱笆围成的面积为 10 平方米。

再像右图这样做一次尝试，这次的面积更小了，只有 9 平方米。

4 你能找到其他方法为小鸡提供最大活动空间吗?

贴心提示

● 画出适合火柴长度的格子,会更容易算出面积。

● 在纸的一角放上一根用来围篱笆的火柴,像右图这样做上标记。

● 沿着纸边向下移动火柴,在边上做好标记。在纸张的每一条边进行同样的操作。

● 借助直尺,用铅笔将标记连接起来。

触类旁通

● 农民赚了钱,能多提供四块篱笆板了。现在,他的篱笆能围成的最大面积是多少呢?

体积

体积这个单词指的是一个物体所占的三维空间的大小。它的度量单位常为立方厘米等。

做一做

你能将橡皮泥捏成奇特的小怪物吗?

1厘米

1 试着捏一个1立方厘米的形状。先在一张纸上画一个1平方厘米的正方形。

2 将橡皮泥揉成一个球。借助两个直尺挤压球面,使其中一面与纸上的正方形一样大。一直这样操作,直到变成六个面都是正方形的立方体。你可以添加或者去掉一些橡皮泥。

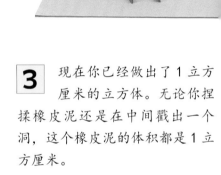

3 现在你已经做出了1立方厘米的立方体。无论你捏揉橡皮泥还是在中间戳出一个洞,这个橡皮泥的体积都是1立方厘米。

4 再画一个边长为 5 厘米的正方形吧，它的面积为 25 平方厘米。

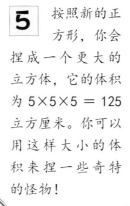

5 按照新的正方形，你会捏成一个更大的立方体，它的体积为 5×5×5 = 125 立方厘米。你可以用这样大小的体积来捏一些奇特的怪物！

贴心提示

● 记住，只有橡皮泥没有增减时，它的体积才会保持不变。

● 如果你不断去掉一些橡皮泥，它的体积就会越来越小。如果你添加一些橡皮泥，它的体积就会变大。

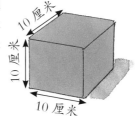

触类旁通

● 小物体的体积也可以很大，是不是很神奇？

● 想要知道一个立方体的体积，可以使长度与宽度相乘，然后再乘高度。假如一个立方体的边长为 2 厘米，那么它的体积为 2×2×2 = 8 立方厘米。边长为 10 厘米的立方体体积是多少？那么边长为 99 厘米的呢？这时，你需要用计算器来计算。

10 厘米

10 厘米

10 厘米

容积

我们可以通过测量一个容器容纳多少物体的方法来测量容积。

装满它！

你擅长估计装满不同容器需要的水量吗？

1 询问一下大人，你是否可以在厨房拿一些空的容器，如瓶子和茶杯。找出一个废弃的瓶盖，再拿出一大壶水。

2 你认为需要多少瓶盖的水才能装满一个茶杯呢？

容器	估计	实际
茶杯	24	
蛋杯	9	
瓶子	300	

3 在记录卡上写下不同容器的名称，然后估计一下需要多少瓶盖的水能装满它们。

4 试着小心地把茶杯装满。在水溢出杯子前，可以装多少瓶盖的水？将总数写在记录卡上，估计最准确的人获胜。

贴心提示

● 玩这个游戏时建议在水槽里面装水或者倒水。如果你想方便操作，可以在桌上铺一层毛巾，将容器放在上面，这样桌子不会被弄湿！

触类旁通

● 征求大人的同意后，再从厨房借一个量壶。

● 把杯子装满水，然后把所有的水倒进量壶里。观察量壶的侧面，你可以看到测量标记，这些就是液体计量单位，即毫升（简写为 mL）或升（简写为 L）。试着估算出不同大小的杯子装满水倒入量壶时水量数值的变化。你的估算准确吗？

体积和容积

体积和容积，两者十分类似。体积指物体所占的三维空间的大小；容积指容器所能容纳物体的多少。470毫升瓶子的容积不会改变，可如果你喝掉一些水的话，液体的体积就变小了。

水之音乐

你可以制作一个瓶子乐器。

1 先向大人借一个玻璃瓶和一个量壶。然后，用笔敲击空瓶子，听听它发出的声音。

2 试着往瓶子里倒入不同量的水。先加入115毫升的水，用笔敲击瓶身，听听发出的声音。

3 再试试加入 235 毫升的水，用笔敲击瓶身，声音有什么变化吗？然后试试加入 300 毫升的水。现在声音有什么改变呢？

4 尝试将其他的空瓶子都放到一起，让每个瓶子发出不一样的音调。你可以用这些音调编一首曲子吗？

贴心提示

● 如果你用一模一样的瓶子进行游戏就容易多了。当你确定了想要发出的音调，可以把瓶子里的水倒入量壶，记录下液体的体积。

● 这样当你玩游戏时，就能准确地知道每个瓶子应该倒进多少液体。

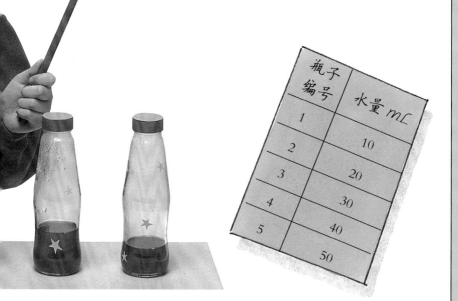

瓶子编号	水量 mL
1	
2	10
3	20
4	30
5	40
	50

常见测量值

面积

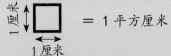
= 1 平方厘米

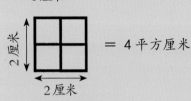
= 4 平方厘米

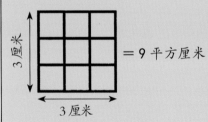
= 9 平方厘米

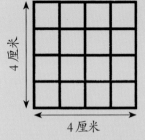
= 16 平方厘米

长度

10 厘米 = 1 分米

10 分米 = 1 米

500 米 = 0.5 千米

体积

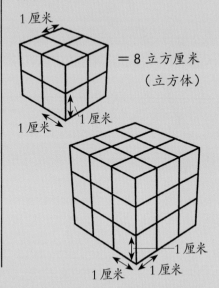
= 8 立方厘米
（立方体）

= 27 立方厘米
（立方体）

80

第四章

走进集合

分类与集合

爸爸妈妈让你打扫房间其实是在帮你学习数学！因为你在整理房间的时候，可能会将玩具分组并按一定的顺序摆放。我们把分在同一组的玩具称为一个集合，组里的单个玩具称为集合中的一个元素。

用来走路的鞋子

和你的兄弟姐妹或者朋友们一起做下列活动吧。

1 问一问你的爸爸妈妈，可不可以把家里的鞋子收集起来，堆在一起。

2 这样，家里所有的鞋子就构成了一个集合，每只鞋都是这个集合中的一个元素。这个集合中总共有多少只鞋？

3 再把这些鞋子按照"成人鞋"和"儿童鞋"分成两个集合，分别放在两条不同颜色的毛巾上。每条毛巾上的鞋子总称为一个子集。

4 你还能用其他方法将它们分类吗？

皮鞋和休闲鞋

室内鞋和室外鞋

舒服的鞋子和不舒服的鞋子

左脚的鞋子和右脚的鞋子

比你脚小的鞋子和比你脚大的鞋子

5 依据其所归属的家庭成员，将这些鞋子分成不同的集合。

6 最后，你能把这些鞋子分好类放在正确的位置吗？

贴心提示

● 建议你先选择一只鞋子，然后尽量想出不同的词语或短语来描述这只鞋子。

● 你能想出多少种不同的描述方法？

触类旁通

● 你可以将你的铅笔按照"需要削的"和"不需要削的"分为两个集合。你还有什么其他分类方法，能帮助你轻松找到需要的铅笔吗？

● 试着将你的钢笔和铅笔分类。

卡罗尔图表

一个集合中的多个元素至少有一个共同点或共同特性。卡罗尔图表就是按照这种思路整理信息的一种方法。

选择多个组合

你曾经有没有花很长时间在一大盒糖果中挑选最喜欢吃的口味，或者最讨厌的糖？卡罗尔图表可以帮助你挑出它们。先确定你最喜欢的糖果有哪些，或许你喜欢软糖，讨厌巧克力糖。

1 在卡罗尔图表中，我们将表头称为类别。在这个图表中，软糖和巧克力糖就是两种不同的类别。你可以按照右页的表格，自己画一个。

既是软糖又是巧克力糖的
填在这个格子里。

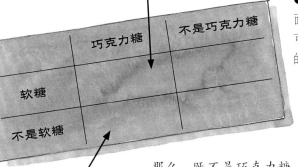

	巧克力糖	不是巧克力糖
软糖		
不是软糖		

不是软糖的巧克力糖，
填在这个格子里。

贴心提示

● 大多数糖果盒的侧
面都有成分说明，它
可能会帮你避免严重
的错误！

那么，既不是巧克力糖，也不是软糖，
填在哪个格子里呢？

2 将你的糖
果分类，
看看你最喜欢的
糖果和最不喜欢
的糖果该填在哪
个格子里？

触类旁通

● 你还可以用卡罗尔图表对待洗的
衣物进行分类（问一问家长）。

● 试着把"衬衫"和"非衬衫"、"成
人"和"非成人"作为表格的类别。

文氏图表

一个集合中的元素也可能同时属于不同集合。文氏图表可以有效地展示这一点。

双重类别真麻烦！

这是一个运用文氏图表进行的游戏，挑选一类东西来构成你的集合吧！找一种动物怎么样？

1 按照下图，画两个部分重叠的圆，或者用彩色纸板做两个圆，将这两个圆标记为不同的子集。

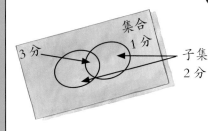

3 任意想一种动物，把它写在一张硬纸板上并放在图表中对应的位置。这样，剑龙可以得2分，而牛只能得1分。

2 你可以选择史前动物和食肉动物。每个圆都是整个动物集合的一个子集。

4 那么，食肉动物能得几分呢？狮子能得 2 分。

5 想一种食肉的史前动物，将它放在两个圆圈交叉重叠的地方，可以得 3 分！

贴心提示

● 找一些关于动物和恐龙的书，帮助你们玩这个游戏。

触类旁通

● 你还可以用其他集合来做游戏。用乐器怎么样？两个部分重叠的子集可以是电子乐器和弦乐器。

● 试着想出三个部分重叠的子集！想一想，你要如何改变评分系统呢？

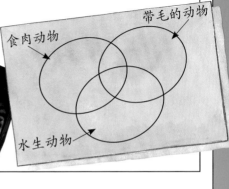

带毛的动物

食肉动物

水生动物

6 每人可以写五种动物，看谁得到的分数最高。

逻辑思维

在穿衣服的时候，你必须运用逻辑思维进行思考：先穿什么？后穿什么？你穿衣服的顺序对吗？衣服穿的位置对吗？

演员和他的老虎、鸭子、玉米

用这个古老的测试题测试一下逻辑思维能力：你能帮助一个演员带着他的老虎、鸭子和一袋玉米成功过河吗？

1 河边有一条船，但这条船太小了，只能允许这个演员随身带一件物品。

2 这个演员不能把老虎和鸭子留在一起，因为鸭子会被老虎吃掉。他也不能把玉米和鸭子留在一起，因为鸭子会把玉米吃光。他怎样才能成功过河呢？

3 找出一些玩具做道具，再用蓝色的纸条做一条"河"。

4 把所有的玩具都放在河的一边。如果这个演员先把老虎带过去会发生什么？是不是先带走玉米会更好？或者应该先带着鸭子过河？

贴心提示

● 第一个带走的不可能是老虎，因为这样就把鸭子和玉米留在了一起，鸭子会把美味的玉米吃光的！

● 第一个带走的也不可能是玉米，因为这样就把肥美的鸭子留给了老虎。所以，第一个和演员一起过河的应该是鸭子。

● 接下来应该怎么做？最后一个提示：如果需要，演员可以把带过河的物品再带回来。

触类旁通

● 汉诺塔问题也是一个古老的逻辑问题。你需要将一摞圆盘从红色方块移动到绿色方块，每次只能移动一个圆盘，而且较大的圆盘不能放在较小的圆盘之上。你可以用三枚不同大小的硬币玩这个游戏，你最少需要移动多少步才能完成呢？

5 知道答案以后，你可以用这些玩具编一个小故事，讲给你的朋友听。

制胜技巧

你玩过三子棋游戏吗？要想玩好这个游戏，就需要运用逻辑思维。很多游戏都依赖于技巧和策略，例如国际象棋和西洋跳棋。你也可以了解一下黑白棋和围棋的玩法。

钻石游戏

钻石游戏是一种古老的技巧游戏，需要两个人玩。有人认为这是古代阿拉伯王子们玩的游戏。

1 首先，你需要在一块正方形的木板上画十六个小的正方形做成棋盘。然后，再制作二十颗棋子，可以把棋子做成钻石状。

2 在玩钻石游戏时，如果你的三颗棋子连成一条线，你就输了。不管这条线是垂直的、水平的，还是对角线的，即使这条线中间有一个空格，也算你输。

3 每个玩家有十颗钻石棋子，两个玩家轮流将棋子放在棋盘的方格上。

贴心提示

● 在棋盘上放棋子之前，一定要仔细想一想哦！检查每一行的棋子，尤其不要忘了对角线。

4 胜利者可以拿走棋盘上所有的钻石棋子！然后，用手上的棋子重新开始游戏。当一个玩家把对方所有的棋子都赢过来时，游戏就结束了。

触类旁通

● 不让三颗棋子连成一条线，你最多能在棋盘上放置多少颗钻石棋子？

● 在六十四格的棋盘上玩这个游戏特别有趣，你最多可以和六个玩家一起玩！

91

找准位置

地址上有很多信息，包括你所在的国家、省份，甚至你居住的城镇名、街道名和你家的门牌号码以及邮编。这些信息能够让信件准确地送达收信人手中。

神奇的怪兽山

用彩色纸板、笔和胶水制作图中的山和怪兽。

1 你有信心帮助怪兽们找到山上的家吗？

2 这里有一些线索可以帮助你：

● 山右边的所有怪兽，都有着圆圆的绿色身体，而其他怪兽是红色的身体。

● 山脚下的怪兽，有着绿色的短发，而其他怪兽有着蓝色的卷发。

● 除了山顶上的怪兽长着三只眼睛，其他怪兽都长着两只眼睛。

● 山上所有的怪兽都长着三角形的鼻子，都有两只脚和两只胳膊。

贴心提示

● 请仔细核对所有的线索，然后按照这些线索制作出一个列表。在上面标出你要画的怪兽具有的特点，比如：

绿色的身体
蓝色的卷发
两只眼睛

触类旁通

● 制作更棒的"神奇的怪兽山"智力游戏。在纸上画一座山或者描绘出山的形状，然后给这座山增加一些特征，比如洞穴、树木等。

● 接下来，编造一些线索并画出怪兽。要确保这些怪兽的特征和你给出的线索相符！

3 山上有些地方还是空荡荡的，你需要制作更多的怪兽安置在这些地方。

93

最大概率

明天会下雨吗？你从一副扑克牌里正好抽到 A 的机会有多大呢？当数学家研究这类问题时，其实是在研究事情发生的概率。

抛硬币

当你把一枚硬币抛向空中，它落地时会怎样？有两种可能性：一是正面朝上，二是背面朝上。背面朝上的概率是 1/2，或者说是一半。

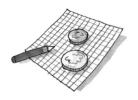

1 这是一个三人的游戏。你需要准备两枚不同的硬币、一支铅笔和一些方格纸来记录分数。

2 同时抛掷两枚硬币，如果硬币落下时全是正面朝上，那么 1 号玩家得 1 分；

如果一枚正面朝上，一枚背面朝上，那么 2 号玩家得 1 分；

如果全是背面朝上，那么 3 号玩家得 1 分。

3 三个玩家轮流抛掷硬币，并记录得分。

4 每个玩家抛掷二十次硬币，谁会得分最高呢？如果重新开始游戏，你会选择成为几号玩家呢？

贴心提示

● 使用两枚不同的硬币进行抛掷，能让你更容易理解这个游戏。你可以观察所有可能出现的结果。这里有四种可能性。

● 两个都正面朝上的概率只有1/4，两个都背面朝上的概率也只有1/4，但是一正一反的概率却是1/2！

● 下轮游戏时，你会选择成为几号玩家呢？

触类旁通

● 尝试用四枚硬币进行抛掷，哪一组合出现的概率最大呢？试一试，找出概率最大的组合，然后向你的朋友发起挑战！

● 为什么在抛硬币决定输赢时说"正面我赢，背面你输"是很不公平的？

碰碰运气

许多游戏在玩的时候都需要结合运气、技巧和策略。一个优秀的玩家，无论是掷骰子还是抽牌，都知道如何做出最好的决定。你能想出最佳策略来玩下面这个"握紧手心"的游戏吗？

握紧手心

1 你需要准备一些干豆子，并邀请至少三个玩家一起玩。玩家越多越好玩！每个玩家的手心里偷偷握住一颗或两颗豆子。

2 接下来，每个人都试着猜测所有玩家手里的豆子总数。猜对的人就是赢家！

3 你认为左图中四名玩家的手里一共握着多少颗豆子呢？会是三颗吗？猜哪些答案猜对的可能性更大？

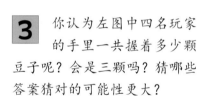

4 多玩几次后你是否发现有些数字出现的频率比较高？你猜对的可能性有多大？

贴心提示

● 猜测的时候要细心点哦。

● 记住，每个玩家必须握着一颗或两颗豆子。如果每个人都握着一颗，豆子的总数是多少？如果每个人都握着两颗，豆子的总数又是多少呢？

触类旁通

● 要想真正玩好这个游戏，你可以观察一下，四名玩家同时参与的时候，有几种方法可以得到总数为四或八？你能算出得到总数为五、六或七等其他数的方法吗？

● 哪个总数产生的方法最多，哪个就是最佳选择！

转转盘

许多碰运气的游戏都是通过掷骰子或转转盘来决定的，你能想到一些类似的游戏吗？当你掷骰子的时候，可能会出现六种结果：1、2、3、4、5、6。

六人制旋转足球

1 你需要准备一些硬纸板、剪刀、钢笔或铅笔，为每个玩家制作一个转盘。每个玩家必须从下面的表格中选择一支球队。

2 从下面的表格中选择一支球队，每支球队都有自己的编号。

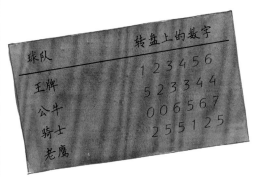

球队	转盘上的数字
	1 2 3 4 5 6
王牌	5 2 3 3 4 4
公牛	0 0 6 5 6 7
骑士	2 5 5 1 2 5
老鹰	

3 把纸板如图所示剪成六边形的转盘，在上面写上球队的编号并用颜色装饰好各球队的转盘，然后用削尖的铅笔从转盘的中心穿过。

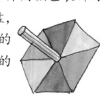

4 两个队进行比赛时，双方都转动转盘，转盘指针所指数字最大的那个队获胜。

6 每支队伍玩十次转盘。你会选择哪一支队伍呢？你为什么认为这支队伍的获胜机会最大？如果再玩一次，你还会选择同样的队伍吗？

5 如果这场游戏一共有四个玩家，你的队伍为骑士队，那么你的记分卡可以这样记录：

骑士	6—4	老鹰
骑士	3—7	王牌
骑士		公牛

贴心提示

● 要想找出哪支队伍容易获胜，你可以看看两个转盘旋转时，总共会出现哪些结果？做一张如下彩色图表比较：

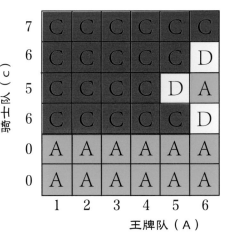

	1	2	3	4	5	6
7	C	C	C	C	C	C
6	C	C	C	C	C	D
5	C	C	C	C	D	A
6	C	C	C	C	C	D
0	A	A	A	A	A	A
0	A	A	A	A	A	A

骑士队（c） / 王牌队（A）

● 共有三十六种可能出现的结果。骑士队有二十次可能获胜（红色），出现平局的次数为三次（黄色），王牌队获胜的次数为十三次（蓝色）。所以，骑士队更容易赢得比赛。

柱状图

数学家们常常使用图表，让信息呈现得更加清晰，让事实展现得更加突出。如果你想收集你的朋友最喜欢的动漫人物，使用柱状图整理会更加清晰明了。

前十排名表

当你想要知道哪位歌手最受朋友的欢迎时，使用柱状图分析会更方便。可以画一张类似于左图的统计表。

1 请你的朋友们各自说出自己最喜欢的三名流行歌手，把歌手的名字写下来，这些歌手每被提及一次，就在名字后面打一个"√"。

2 接下来，使用你收集到的信息，绘制一张柱状图。歌手每得一票，就可以得到一个相应的彩色方块。你也可以用这种图表，找出哪些流行歌曲最受欢迎。

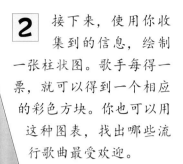

歌手3　歌手4　歌手5

贴心提示

● 在制作柱状图时，使用绘图纸更加方便。但是，为了能够全部记录下票数，你要确保绘图纸有足够的长度。如果你不仔细计划，图纸上的空间就会很快用完，后面就无法记录了。

触类旁通

● 另一种与柱状图相似的是象形图。不同的地方是，它的制作方法不是涂彩色的方块，而是画一个图像来显示数据。了解一下大家喜欢吃的食物，然后试着把这些信息用象形图表示出来吧！

数据流

试验中收集到的一些信息可能是连续的！如果你每年都测一次身高，就可以把几年来得到的数据绘制成图表。图表上显示的增长看起来有一定的跳跃性，但事实上，多年来你是持续成长的。

起起伏伏

你有没有参加过一些重要活动？在那一天，你有时会感到快乐，有时会感到悲伤。数据流就可以很好地记录这些情感的变化。

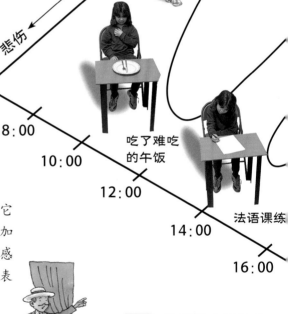

起床

快乐

上学

悲伤

8：00

10：00

吃了难吃的午饭

12：00

14：00

法语课练

16：00

1 看一下右上图，它描绘了一个人参加学校戏剧表演的全天感受，从早晨醒来一直到表演结束。

2 这张图上还标记了一些文字，描述她在不同时间感到快乐或悲伤的原因。

3 选一个自己参加过的特殊活动，画一张这样的图表吧。

贴心提示

● 制作图表的第一步可以在纸上画一条横向直线。

● 在直线左边标记一个点，标记上早晨醒来的时间，然后向上垂直画一条竖线。

准备戏服

表演开始

观众鼓掌

● 在横线上写上不同时间点。想一想早上起床时的心情，然后在图表上标记一个点；再想一想上学时的感受，标记一个点。就这样标记好全天的重要时间点，然后把这些点连接起来，形成一条曲线。

忘记台词

4 接下来，给图表做个注释，帮助你描述一天中的不同时间，为什么有时感到高兴，有时感到悲伤。

00

20：00

触类旁通

● 在表演结束时，因为大家对你的赞扬，你可能会感到十分开心，但与此同时，因为演出的结束，你又感到十分伤感。这种复杂的混合情绪，该如何在图表中表现呢？

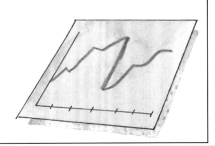

饼状图

许多类型的图表都可以用来清晰地显示信息。饼状图通常呈圆形，用来表示一个整体的各部分占比。下方的饼状图显示了孩子们去学校所用交通方式的占比，哪一部分的占比最大？很明显，大多数孩子是步行上学的。

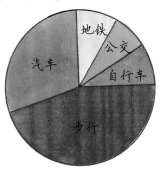

今天做了哪些事?

你可以用饼状图来描述父母每天的时间是怎么安排的。你需要一些单线纸，还有笔、尺子、胶带和剪刀。

1 首先，你需要收集一些信息。问问你的父母每天花费多少时间在工作、吃饭、看电视、通勤和睡觉上。

2 接下来，从单线纸上剪下一个长条，大约12厘米长，至少有二十四行，每一行代表一天中的一个小时。

3 如果你的父母花了两个小时在通勤上，你就把两行涂上颜色。不同的活动使用不同的颜色，填满二十四行后将这个纸条绕成一个圈，两端粘在一起，然后将这个圈放在一张纸上，在纸上描出圆圈轮廓，把每个活动所占行数用点标记在圆圈上，将这些点与圆心连成线，最后在各个部分涂上相应的颜色。

贴心提示

● 收集的时间不需要非常精确，以一小时或半小时作为估测的时间单位就可以了。

触类旁通

● 你可以用饼状图来显示某个电视频道播放不同节目的时长。选择一个频道，看看新闻、动画、电影和其他类型的节目分别播放了多长时间，然后利用这些信息做一个饼状图吧。

常用图表

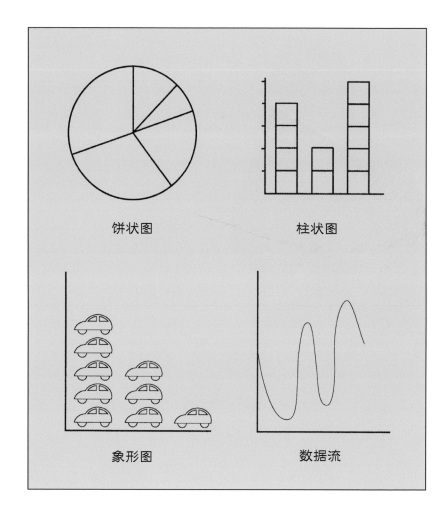

饼状图

柱状图

象形图

数据流

第五章

发现规律

数字规律

偶数除以 2 后的数值不会出现余数；平方数是两个相同数字相乘的结果，比如 3x3=9。还有很多奇特又迷人的数字规律，等着你在阅读中发现。

键盘危机

和朋友一起玩这个游戏。

1 啊，不好！你被锁在太空船外面了，想回到太空船里面，你得在键盘上按下密码，可是其中一些数字已经丢失了。

2 幸运的是，所有数字的排列都是有规律的，规律是什么呢？

3 有些键盘上还存在着不止一种数字规律，你能发现几种？

从上到下观察数字，再从左到右观察数字，你也许会发现不止一种规律。让其中一个玩家闭上眼睛，另一个玩家遮住键盘上的一个数字。

贴心提示

●有些规律很容易找到，你可以通过向前或者向后数一数来找到它们。你知道下图中的问号代表的数字是什么吗？

●为了找到缺失的数字，你需要找到数字变化的规律。

●有一种数字序列变化规律以 3 为差，还有一种数字序列变化规律以 2 为差。

触类旁通

●隐藏键盘上三个或者更多数字，可以让键盘游戏更加有趣。

●尝试画出键盘，创造你的数字规律。设计一个填数表来和大人玩，看看你能让游戏有多难！

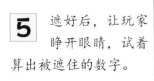 遮好后，让玩家睁开眼睛，试着算出被遮住的数字。

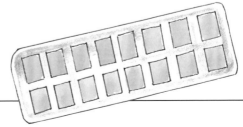

乘法规律

在乘法里，有一些数字规律可以帮你记住乘法表，你也可以用乘法表创造更多奇妙的规律。

螺旋图

1 你可以用乘法表做一个螺旋图。你可以用方格纸，也可以自己画网格。准备好后，再选一张乘法表。

2 试试6的乘法表。把每个得数不同数位上的数字相加，你发现规律了吗？

3 如果相加后，得到的结果是两位数，再接着加下去，直到结果是一位数。

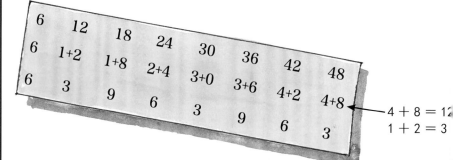

6	12	18	24	30	36	42	48
6	1+2	1+8	2+4	3+0	3+6	4+2	4+8
6	3	9	6	3	9	6	3

4 + 8 = 12
1 + 2 = 3

4 先画出一条六个方格长的直线，然后旋转一个直角画出一条三个方格长的直线，再沿着三个方格长的直线，垂直画出一条九个方格长的直线。一直画下去（如右图所示），直到这些线开始重叠。你可以用彩色铅笔给这个图案上色。

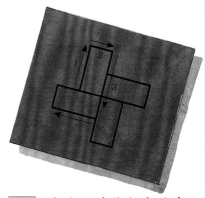

5 尝试用其他数字的乘法表做图案，能画出像这样的螺旋图吗？

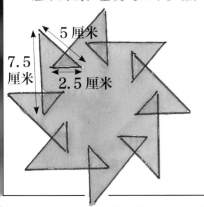

触类旁通

● 撕下硬纸板的一角，从角到撕下的底部边缘画一条直线，沿着这条直线剪开。

在顶角附近标上"x"，从顶端沿着纸的斜边依次在2.5厘米、5厘米和7.5厘米处标记。然后，在一张白纸上画一条5厘米长的线，让三角硬纸板短边贴着这条线，使角"x"与线的一端对齐。

再沿着有标记的三角硬纸板斜边在白纸上画一条2.5厘米长的线。接着将硬纸板沿着你已经画好的2.5厘米线放好（与角"x"的短边对齐），再沿着标有刻度的边缘画一条7.5厘米的线。重复这三个步骤，直到画出如左下图的图案。

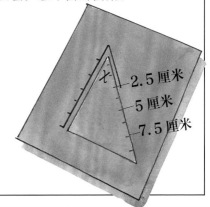

三角数

看看这个数字序列的规律

1，3，6，10，15……

你觉得下一个数字是几？这个序列体现了一种特殊的数字规律，我们把它叫作三角数。它们是由相连的数字相加得到的，就像这样：

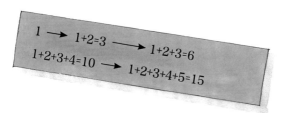

$$1 \rightarrow 1+2=3 \rightarrow 1+2+3=6$$
$$1+2+3+4=10 \rightarrow 1+2+3+4+5=15$$

使用这种规律，向大都市政府提出建议吧！

疯狂的高速公路

1 大都市政府决定修建高速公路来连接七座城市。为了保护环境，他们决定每两座城市之间只能通过一条道路直接连接。

2 先画两座城市，要建造多少条路来连接它们呢？再画三座城市，又要建造多少条路来连接它们呢？

3 如果不画出高速公路，你预测需要为大都市的七座城市建造多少条高速公路呢？

4 把城市画出来，并用道路连接起来。你认为这个政策好吗？你会给政府什么建议？

贴心提示

●先算出少数城市要修建多少条路，比方说三、四和五座城市。三座城市需要三条路（1+2=3），四座城市需要6条路（1+2+3=6）。你可以用三角数规律找到五座城市需要多少条路吗？

触类旁通

●另一个像"疯狂的高速公路"这样有趣的问题是握手。如果一个房间里有八个人，他们都要相互握手，每两个人只能握一次手，且不能重复，那要握多少次手呢？

●你可以先算出人比较少的时候需要握多少次手。

字母和数字

数学里有一个分支叫代数学，在代数学里，字母有时用来表示数字。当你没有数字来计算或者不确定数字是多少时，代数学是一种很有用的解题方法。

名字的数值

1 如果 A=1，B=2，C=3，D=4……
那么 X、Y 和 Z 分别等于几？

ANDREW 的值为 65，因为：
A=1 N=14 D=4 R=18 E=5 W=23
1 + 14 + 4 + 18 + 5 + 23 = 65

NICOLA
=54

2 你的名字拼音或名字拼音首字母的值为多少？想一想你和朋友们的名字拼音首字母，谁的名字的值最大？是字母最多的名字吗？

3 你有双胞胎兄弟或者姐妹吗？他/她的名字的值和你的一样多吗？

贴心提示

● 想知道你的名字的值，可以制作一张有字母和数字的对照表帮助你计算。通过这张对照表，你就能很快查出相应字母的值。

● 当你把很多数值相加时。用计算器来检查你的计算结果，会很有帮助。

SIMON =70

触类旁通

● 这一章的标题的值为126。你可以造一个大约值165的句子吗？你造的句子的值有多接近165？

你能用一个含有十七个拼音字母的句子得到的值为300吗？

运算和函数

运算是指使用"+""-""×""÷"或其他运算符号以求出算式结果的过程。函数有点像工厂里用来生产或者加工东西的机器。

数字处理器

1 你是工厂里的新工程师，下面的机器代表的函数关系都清楚地标在外面了。当数字3进去时，一个数字7就会被送出来。因为其函数关系是"×2"，然后"+1"。

2 遗憾的是，不是所有机器都有函数关系说明。但是你会发现，如果你放进去一个数字，它依然会被处理和改变。

3 → ×2 → +1 → 7

多测试几次这个机器，试试其他数字，看看会发生什么。

3 尝试找到这个数字处理器的函数关系！

这个把数字4变成数字12的机器用的是哪个函数关系式？你能想出其他的函数关系式得出相同的结果吗？

贴心提示

● 如果遇到问题，你可以用机器试着运算几次，看看你输入一个数字后会发生什么，并找到规律。

● 如果你确实无能为力，下图是线索：

第一台电脑器的一般函数关系
是"×3"。 第二台电脑器的函数关系
是"-1"。

触类旁通

● 制作你的数字处理器，每个机器可以有两个以上的运算步骤。然后，找出一些输入的数字和输出的数字。看看你的朋友能否解开这个难题。

想到一个数字

在代数中，当字母用
于计算时，它可以表示任何数字！但是我们
还是得设法找出答案。如果我们不知道一
个数字是几，我们可以把它叫作"n"。

n

数字回收厂

1 这是一种对任意数字
进行计算的方法，它
使用了许多不同的运算，并
且总是会得到相同的结果。

+6

×3

-18

除以你
初想到
数字。

2 你的朋友也许
需要计算器、
铅笔和纸来帮忙。

3 告诉你的朋友，这是一个可以把任何数字变成1的神奇戏法！

贴心提示

● 确保你记得最初想到的数字，这有助于记录你的计算。

● 你可以记录在表格里：

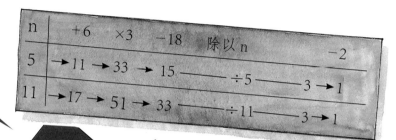

n	+6	×3	−18	除以 n	−2
5	→ 11 → 33 → 15			÷5	3 → 1
11	→ 17 → 51 → 33			÷11	3 → 1

● 你知道戏法是如何成功的吗？

触类旁通

● 如果你把任何非 0 数字除以它自己，答案永远是 1。比如，7÷7=1，59÷59=1，123÷123=1。再试一下其他数字。

● 尝试运用多种不同的函数关系式创造新戏法，把最终结果变成 1。

● 当你把一个数字乘以 0 时，会有什么结果？你能把这种运算用在你的戏法里吗？

4 在 1 到 100 中选择一个数字，按照图中运算过程运算，转眼间数字 1 就出现了！

数字代码

我们总是习惯于用数字 0 ~ 9 计数，并使用十进制计数法。但是，不同的文化使用不同的计数系统和数字。它们中有一些现在依然常见。

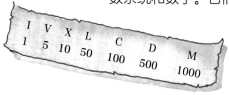

I	V	X	L	C	D	M
1	5	10	50	100	500	1000

玛雅人生活在两千多年前，他们的计数法使用二十进制。我们需要破解这个系统，来了解这些符号代表什么。

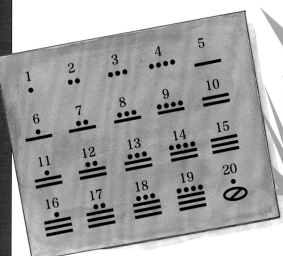

数字 57 可以被写成右图这样，因为 $2 \times 20 = 40$，40+17=57。

40	⊘⁚
17	⁚⁚≡

探索数字

1 想象一下，你偶然发现一块石碑，上面有一些奇怪的标记，它们看起来像数字。

这个数字是 28

2 你觉得下面是什么数字？

答案是 715

你最终会明白每个符号的意思。

3 用这些标记你怎么写 82 和 56？试一试 170！

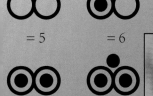

= 5   = 6

= 7   = 8

= 9

触类旁通

● 编一些数字题，看看你的朋友们能否解出来。

● 你能编出自己的数字代码吗？

● 找一找其他的计数法。巴比伦的计数法会让人觉得不可思议。

玛雅人这种计数法数字以五个数字为基准，从 0～19，二十个数字为一组。⊘ 这个符号代表 0。

了解数字

你对数字了解越多，就越能在它们之间发现更多的规律和关系。数字 25 是一个平方数，它也是 100 的 1/4，还是一个奇数。

我独自一人，是个奇数，孤零零。我是几？

我减去 10，然后乘以 2，结果是 12。我是几？

我可以除以 12、9、6、4、3 和 2。如果我乘以 10，结果相当于旋转一周。我是个偶数，我不同数位上的数字相乘等于 18。我是几？

我乘以 3，然后加上 3，结果是 30。我是几？

象棋棋盘的格子数量，也是 2 的 6 次方。我是几？

神秘的数字

你对数字了解得越多，解决这些数字谜题就越容易。右图这些神秘的数字是几？它们是如何联系在一起的？

前五个奇数的总和，也是一个两位数的奇数。我是几？

我是一个两位数。因谐音"死死"，而被认为是一个不吉利的数字。我的数值小于50。我是几？

一个正方形的边数加上一个骰子的面数，再乘以10。我是几？

我除以9，然后减去8，就被缩减到只剩1。我是几？

多数动物、桌子和椅子腿的数量。我是几？

贴心提示

● 对于一些神秘的数字，你可以通过逆运算来求出答案。

● 解答"我乘以3，然后加上3，结果是30，我是几？"，你可以从30开始，先用30减去3，得到27，然后再用27除以3，得到9，这就是答案！

触类旁通

● 创造你的神秘数字！仔细想想线索，并找你的朋友们来猜一猜。记住要先自己验证哦！

更多谜题

解答这些问题时，你必须同时记住多条线索。这些线索可以被组成方程组，用代数方法解出来。许多简单的题也可以通过反复试验来解决。

密码破解者

狡猾的罪犯偷了价值连城的珠宝，一张破破烂烂、脏兮兮的纸上有一些线索，可以帮你打开藏有宝藏的箱子。

这个箱子上有一个四位数的密码锁，在小偷回来之前你只有几分钟的时间。

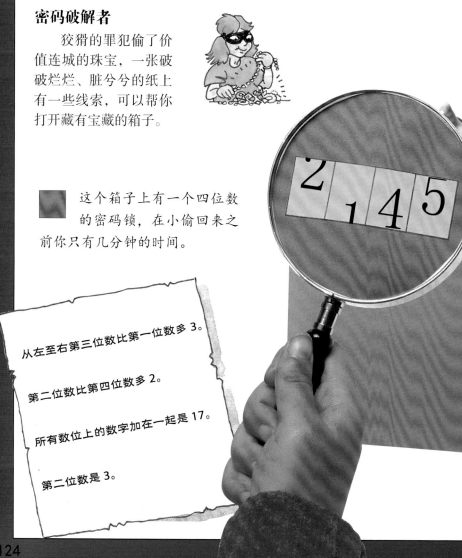

从左至右第三位数比第一位数多 3。

第二位数比第四位数多 2。

所有数位上的数字加在一起是 17。

第二位数是 3。

贴心提示

●遇到困难就尝试用代数解决问题。假设不同数位上的数字从左至右分别是 a、b、c 和 d，我们知道 b=d+2，b=3。所以 3=d+2，d=1。

●继续使用代数算出 a 和 c 是多少。

密码是 5381

触类旁通

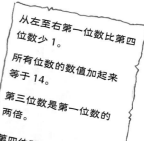

●如果你觉得第一题太容易，可以试试这个！你要用摩托车逃跑，但是它被一个四位数的密码锁住了，右下图中的信息是你用来解锁的线索。

●试着找出你的链条锁或者箱子来编出你的线索吧！

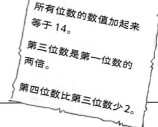

摩托车密码的锁码是 3164

从左至右第一位数比第四位数少 1。

所有位数的数值加起来等于 14。

第三位数是第一位数的两倍。

第四位数比第三位数少 2。

手绘图案

可以在世界各地的建筑、家具、衣服甚至人体上看到花纹图案。你见过古老的凯尔特图案或中东和北非的伊斯兰艺术家创造的图案吗？这些设计中体现了许多有趣的数学规律。

松戈图案

这种复杂的图案源于非洲，常常被小孩画在泥、黏土或沙土上。

1 这种图案由一条连续的线画成。绘制时铅笔不能离开纸，可以横穿线条，但是不能沿着同一条线画两次。

2 这是图案序列中的前三个图案，试着画出它们。

3 根据规律画出第四个、第五个图案吧！记住，你的铅笔不能离开纸面。

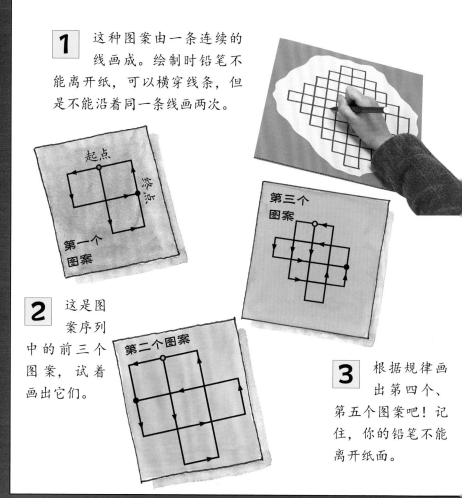

起点　终点

第一个图案

第三个图案

第二个图案

4 你发现这些形状的规律了吗？

每个新形状的起始线有多长？数一数每个形状所覆盖的正方形，你能发现什么数字规律吗？

在没有画出来的情况下，尽可能多地描述第一百幅松戈图案的样子。

●寻找规律时，下面表格里的内容会对你有帮助。

●如果你觉得很难理解图案，请仔细沿着线条上的箭头观察图案。

●在方格纸上画这些图案会更简单。熟练以后你可以在白纸上徒手画出这些图案。

●经过一段时间的练习后，你会惊讶地发现自己画得多么快。

形状	第一个	第二个	第三个	第四个
周长	8	12	16	

触类旁通

●右下方这个美丽的图案来自古老的凯尔特石洞。

●从其他文化中寻找一些图案，并试着画出来。

●你能找到下面这个图案和松戈图案之间的相似和不同之处吗？

自然图案

自然界充满了各种图案，你可以看看公园里的植物形成的曲线、角度和螺旋。这些图案可以用数字表示。

螺旋

你可以按照下文的简要说明画出许多这样的图案。

1 按照"贴心提示"里的说明画出圆形网格。从中心开始，向外移动到第一个圆圈，然后标记一个点。

2 拿起你的笔，沿着网格顺时针移动到下一个圆圈，然后标记一个点，并连接这些点。

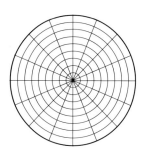

一直向外顺时针移动，每到达一圈边线，就在圆圈上标记一个点，并将这些点连接起来。

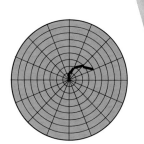

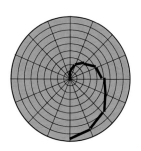

3 当你画到最外
面的圆圈时，
你会发现你画出了一
条曲线。

贴心提示

●找一张方格纸，把圆规对准
中心，然后画十个有相同圆心
的圆圈，相邻圆圈之间间隔大
约1.5厘米。接下来，把纸对
折，然后两边各向中线对折两
次，如下图所示。

触类旁通

●从同一个中心点开始，
再画一条曲线。这次朝逆
时针方向旋转，你可以画
出一片美丽的树叶。你还
可以在同一个网格上用更
多曲线画成一个图案。

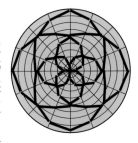

●如果你一次向外移动两
个圆圈会发生什么？

●试着将圆形网格换成扇形网格并创作。

●你可以沿着网格线画出其他的图案，并
用鲜艳的颜色上色。

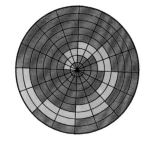

自然数

斐波纳奇数列像这样开始：1，1，2，3，5，8，13，21，34……你能看出这个数列有什么规律吗？从数列中的第三个数开始，后一个数字是前两个数字相加的和，所以该数列下一个数字是 21+34=55。

斐波纳奇定律

一般向日葵的种子逆时针螺旋线的数量与顺时针螺旋线的数量是斐波纳奇数列中相邻的两个数，如逆时针五十五条，顺时针三十四条。你可以确认一下！一般菠萝的菱形鳞片螺旋线数量也遵循这个规律。

曲线缝合

通过数字相加，我们可以创造其他美丽的图案。制作右图这个图案，你需要一块厚硬纸板并在上面画个十字。

1 在十字的四臂上，各标记五个点，每个点之间相隔约 2.5 厘米。然后，在每个点上分别标上 1、2、3、4 和 5。接下来，用粗针刺穿每个点，你可以找个大人来帮你做这件事。

2 选择你最喜欢的纱线颜色，穿针引线。十字把纸板分成了四个区域，把每个区域的十字边线中相加起来等于6的点缝在一起，比如说1和5。像这样穿完一个区域后，再移动到下一个区域重复操作，但要用不同颜色的纱线。

触类旁通

● 试着用斐波纳奇数列中的连续数字相除。可以用计算器帮忙。

从5÷8开始，你会发现相除的数字越大，答案越接近0.618……这个数值被人们称作黄金分割。

● 在斐波纳奇数列中随意取四个连续数字，比如2、3、5和8。先把头尾两数相乘（2×8=16），再把中间两数相乘（3×5=15）。然后，用大的数值（16）减去小的数值（15），你会发现无论选择哪四个连续数字，计算的答案永远都是1。

● 观察下面这个数列，你觉得下一个数字是几？

8 5 3 2 1 1 0 1 -1……

常见规律

三角数

1 = ●

3 = ●
　　●　●

6 = ●
　　●　●
　　●　●　●

10 = ●
　　●　●
　　●　●　●
　　●　●　●　●

15 = ●
　　●　●
　　●　●　●
　　●　●　●　●
　　●　●　●　●　●

平方数

1 = ●
(1x1)

4 = ●　●
(2x2) ●　●

9 = ●　●　●
(3x3) ●　●　●
　　　●　●　●

16 = ●　●　●　●
(4x4) ●　●　●　●
　　　●　●　●　●
　　　●　●　●　●

3 的立方

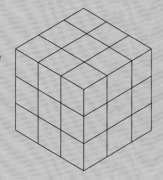

要得到下一个三角数，在三角形的底部再加一行，每一行多一个点。

立方数

1 的立方 = 1（1×1×1）
2 的立方 = 8（2×2×2）
3 的立方 = 27（3×3×3）
4 的立方 = 64（4×4×4）

第六章

称重和计时

质量

一头大象的质量是多少？一只老鼠的质量是多少？冰箱里的奶酪块的质量是多少？我们可以用秤测量物体的质量。物体的重量也被称作质量，我们可以用克（g）或千克（kg）来表示。

瘦身蛇

你知道吗？不改变其他条件，不论一个物体的形状发生什么样的变化，它的质量都是不变的。尝试制作瘦身蛇，你会找到答案。

2 用手把橡皮泥搓成一条又短又肥的"蛇"。

1 选择你喜欢的彩色橡皮泥，用秤称取140克，然后把橡皮泥捏成球形。

3 把蛇放回秤上再称一次，它的质量与之前完全相同，也是140克。

4 继续揉搓这条蛇，你能把它搓成多细？

5 时不时用秤去称一下它，你会发现质量总是一样的。

贴心提示

● 记住，如果蛇断掉失去一部分身体，质量就会改变。当蛇身变得非常细时，你要格外小心！

触类旁通

● 再称取 140 克的橡皮泥，制作成其他动物，比如小狗。它看上去和蛇很不同，但是它们的质量却是相同的。

● 再把这块橡皮泥做成大象的身体，然后取 85 克不同颜色的橡皮泥做成大象的腿、耳朵、尾巴和鼻子。你觉得大象的质量会是多少？对，是 225 克，因为 140+85=225。

6 不论蛇的体形是胖还是瘦，这条蛇的质量永远都不会改变。

千克

家里大多数重的物体的质量都以千克为单位表示。你能称出你父母的体重是多少千克吗？你自己的体重又有多少千克呢？

猜猜有多重?

你可以和你的朋友们玩一个猜猜看的游戏。你知道1千克等于多少克吗?

1000 克 =1 千克

1 你先要决定称什么东西，然后估算一下每样东西需要多少才能重1千克。接下来，给每位朋友做个记分卡，并写下你们估算的数值。

物体	估计的质量（克）
弹珠	300
积木	
意大利面	

2 把要称的东西收集起来，并取出一个秤。

3 如果你们正在估算多少颗弹珠重1千克，那么你可以和朋友们轮流在秤上加一颗弹珠。你会发现，质量在慢慢增加。

4 当秤显示为1千克时，数一数秤上有多少颗弹珠，猜得最接近的人胜利！

贴心提示

● 如果用的是体重秤，那么你需要一个很轻的盒子来装你要称的东西。

● 要想玩好这个游戏，就要先找到1千克物品的手感。你可以看看家里的糖、米和其他以1千克为单位来出售的食物。在查看之前，要征求大人的同意！

触类旁通

●熟练估算1千克以后，试试"疯狂组合"游戏！选择两样你已经称过的东西，比如意大利面和弹珠。你能把它们混在一起，让它们的质量达到1千克吗？你估计的质量与1千克差多少？

克

1 克的羽毛和 1 克的钉子，哪一个更重？其实它们一样重！如果一样东西很大，并不意味着它就比小的东西更重。记住这点来玩下面的游戏。

人体天平

1 在家里选十样东西，比如垫子、水杯和书等。把它们的名称分别写在卡片上。

2 现在你要成为一个"人体天平"！你觉得哪样东西更重？把它放在右手边的桌子上。

3 你觉得哪样东西更轻？把它放在左手边的桌子上。你能把这些东西按照由轻到重的顺序放好吗？

4 从你觉得最轻的东西开始，依次称一下。它们分别是多少克？

鞋

198 克

垫子

170 克

杯子

140 克

5 把数值写在卡片上，然后，把它放在写有物体名称的卡片旁边。

6 对所有的东西重复上面的步骤，你能把它们按顺序排好吗？

贴心提示

● 有很多不同种类的秤，它们有些比较容易操作。如果遇到了难题，你可以让大人来帮你。

● 如果你用的是厨房秤，你可以选择或轻或重的物品。如果你用的是体重秤，你只能选较重的物品。

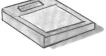

触类旁通

● 称出 50 克、85 克、110 克、140 克、170 克和 220 克的米，把它们分别放在六个不透明的罐子里，用纸巾盖住罐子，并用橡皮筋封好。再在每个罐子上用字母标记以便区分，然后把每个罐子里米的质量写在纸上并藏起来。接下来，让你的朋友把罐子由重到轻按顺序排列。

139

测量质量

商店里的很多东西都是按照质量来售卖的。一些商品包装的数字旁有字母"g"，这是克的单位符号，克是表示物体质量的一种单位。

爆米花

你吃过爆米花吗？没错，就是那个轻轻的、松软的食物。

1 你见过爆米花爆开前的样子吗？它是一种很小、很硬的黄色玉米粒。你需要一些玉米粒和一个秤来做下面的实验。

2 你需要一位大人来帮你做爆米花。找一个有盖子的平底锅，放入食用油，低温加热。

3 你觉得爆米花爆开后的质量会有变化吗？

4 放 85 克的玉米粒到锅里，盖上盖子！然后轻轻摇晃平底锅，你会听到玉米爆开的声音！

5 当爆开的声音停止的时候，拿开平底锅，小心地打开锅盖。这时锅还很烫哦！

6 在你吃之前，再称一下爆米花的质量是多少。奇怪的是，爆米花的质量跟之前玉米粒的几乎一样。

贴心提示

● 你也可以把玉米粒放进纸袋里，然后用体重秤来称。

● 当秤碗放上去后，可以调整让其显示变为 0 克。

触类旁通

● 称一个大土豆的质量。如果土豆被煮熟了，你觉得其质量会发生什么变化？你也可以尝试把土豆冻起来，看看质量是否有变化！

141

厨房计算大师

厨师要善于算术。看一下菜谱，你会发现一道菜的做法通常都会涉及一些测量。有些是关于烹饪时间，还有一些是关于原料的用量。

饼干烘烤

这是一个很简单的食谱，可以做出四十块美味的饼干！你需要一位大人来帮忙。

1 在烤盘上涂一层薄薄的黄油，然后把烤箱预热到180℃。

2 称200克的黄油、200克的糖和300克的中筋面粉分别放入碗里。然后，再准备一个鸡蛋。

3 把黄油和糖放入一个搅拌碗里，用木勺充分搅匀，直到它们看起来呈奶油状。

4 把鸡蛋加进去继续搅拌。再加入面粉，小心地搅拌均匀。

5 取一块像坚果那么大的面团，把它揉成球状，放到烤盘上，然后轻轻压平。

6 你可以用这个面团做四十块饼干，每块饼干之间相隔约 3 厘米。

贴心提示

● 面团会变得非常黏！你可以在面团上撒一些面粉，再把它们揉成球状。

● 把烤盘拿出烤箱时要十分小心。记住，它们依然很烫。

7 把烤盘放入烤箱烘烤 15 分钟，或者烘烤到饼干变成金黄色。用小铲子把它们移到架子上，直到充分冷却后再吃。

触类旁通

● 你可以用糖衣装饰聚会用的饼干。称 100 克的砂糖，加一勺水，搅拌均匀。在饼干上涂一层薄薄的糖衣，然后再放一些糖果在上面！

质量计算

在计算答案时，记下你所做的运算过程，这样不仅可以防止出错，还能随时进行核对。

用金子测体重

传说有位王子得到了与体重相同数量的金子作为奖赏。如果你被奖赏等同于你体重的巧克力，你觉得你可以得到多少块巧克力？

1 你可以先选择一块你最爱的巧克力，猜一猜它的质量是多少？不要偷看包装哦。

2 然后称一称你有多少千克。

3 接下来，将千克转换成克。

如果你的一块巧克力的质量是 42 克，那这就是你可以得到的巧克力的数量。

如果你的体重

是 22 千克，

那么换算成克就是：

22×1000 克 =22000 克！

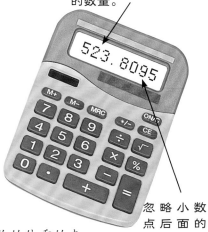

523.8095

忽略小数点后面的这些数字。

4 看看包装纸上标的质量，用你的体重的克数除以巧克力的克数。可以用计算器来帮忙计算。

触类旁通

● 狮子就喜欢吃大餐，它通常喜欢吃牛羚套餐，可以在三天内吃下相当于自己体重一半的食物。

● 看看你的早餐加在一起的质量是多少？你需要多长时间才能吃下相当于你体重一半的食物？

时间

在很久之前,人类就尝试计量时间!在过去,人们使用很多方法来计量时间,白天他们通过观察太阳在日晷上投射的影子来计量时间,晚上他们会通过观察蜡烛熔化的程度来计量时间。

滴答滴答

你可以制作一个水钟来精确测量1分钟。

1 找一个大广口瓶,像图示这样贴一张白色的纸条。

2 找一个带盖的旧洗洁精瓶子,让大人帮你小心地切掉一部分底部。

3 确保你有个时钟备用。

4 在瓶颈处粘上一些橡皮泥，然后在上面钻一个小孔。确保瓶盖盖紧，再从瓶底部灌水。

5 把瓶子倒放在广口瓶上方，准备好后，掀开瓶盖放在广口瓶上，让水慢慢地滴到广口瓶里。1分钟后，在纸上标记广口瓶里的水位。

6 如果水还在滴的话，2分钟后，再做个标记。水滴完后，你就制作出了一个可以用来计时的水钟。

触类旁通

● 你可以用你的水钟做计时器来玩穿衣比赛的游戏！

● 试着找一顶旧帽子、一件衬衫、一条裤子和一些父母的鞋子。你和朋友们能在水位到达1分钟刻度前把它们穿上吗？

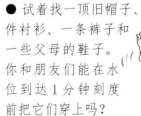

计时

你的家里有多少种不同的手表或者时钟？时钟通常有一根短的时针和一根长的分针。在生活中，我们用秒、分和小时来计量时间。

时光飞逝

和朋友一起玩个游戏。这个游戏是让时钟从 6 点开始，看看谁能第一个到达 9 点。

1 先在硬纸板上描出一个大盘子的轮廓，然后把它剪下来。按照图示把每个小时写在你的圆盘上做成表盘。

2 做时钟的指针。用硬纸板剪出两个纸条做指针，确保其中一个比另一个长。用开口扣件贯穿两个指针和时钟圆盘，并把指针指向 6 点。

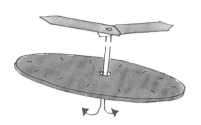

3 想一些分别需要花 5 分钟、10 分钟、20 分钟或者 30 分钟的活动。制作二十五张卡片，在上面写下不同的活动和时间。

5 分钟刷牙

10 分钟洗澡

20 分钟遛狗

30 分钟做家庭作业

4 大家轮流从这堆卡片中拿一张，根据卡片上写的时间移动指针，第一个到达 9 点的人获胜。

就等 1 分钟

"就 1 分钟""等 1 分钟"人们经常这么说，1 分钟等于 60 秒，这很容易记住！但你总是无法体会到 1 分钟有多长！

时间到

这个游戏能帮助你体会 1 分钟有多长。你可以和两个或者更多的朋友来玩这个游戏。你需要准备一只带有秒针的手表。

1 负责看表的人说"开始！"，其他的人来猜一猜 1 分钟什么时候结束。

2 当你觉得 1 分钟已经过去时，必须举起手。

3 当 1 分钟结束时，看表的人喊"时间到"。没有举起手的人出局。

4 在 1 分钟结束前最后一个举手的人胜利。

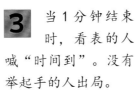

贴心提示

● 手表上的秒针转完一圈，1 分钟就过去了。

● 当秒针指到 12 时开始计时，当它再次指到 12 时，1 分钟就结束了。

● 默数 1 分钟是很困难的，但如果你在默数的数字间加一个词语，会对你有帮助。比如你数"一头大象，两头大象，三头大象……"，有助于你更准确地数秒。

你今天做了什么

父母总是想要知道你在学校里做了什么。有些人把他们每天做的事记在笔记本里，这叫作写日记。

你可以在日记里列出你每天要做的事，然后把它做成彩色挂图。你需要准备硬纸板、纸、剪刀、几支铅笔和一把尺子。

上午7点	上午8点
吃饭	上学

下午1点	下午2点
玩	上学

晚上7点 晚上

2点

上午7点	下午4点……
上午8点	下午5点……
上午9点	下午6点……
上午10点	晚上7点
上午11点	晚上8点
中午12点	晚上9点
下午1点	晚上10点
下午2点	晚上11点
下午3点	半夜12点

1 按照上图在日记中画一个表，列出一天24小时。

2 把你在这天每个小时所做的活动填进日记表。

3 做三十五张小卡片并选择一些活动写上去，你可以在十张卡片上写"睡觉"，五张卡片上写"看电视"，

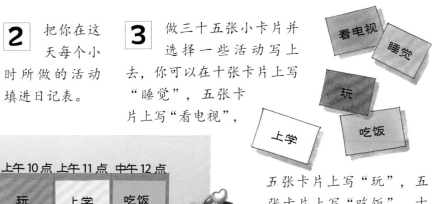

五张卡片上写"玩"，五张卡片上写"吃饭"，十张卡片上写"上学"。你还能想到其他的活动吗？

4 找一张大的硬纸板，画上二十四个相同大小的方块代表24小时。给每个方块标上时间，然后，把硬纸板挂到墙上。你可以让大人帮你检查一下。

5 对照你的日记，在相应时间的方块上贴上活动的卡片。

6 贴满24小时后，你就可以看到自己花了多长时间睡觉、上学和玩耍了。

上午 10 点	上午 11 点	中午 12 点
玩	上学	吃饭

下午 4 点	下午 5 点	下午 6

晚	11 点	半夜

凌晨 4 点		

数字时钟

有些时钟和手表用数字来显示时间。通常":"前的两个数字表示小时,":"后的两个数字表示分钟。这样的时钟被称为数字时钟。

停止时钟

1 你能不能用一些火柴来表示时间,使它尽可能接近规定时间呢?用火柴前先征求大人的同意。

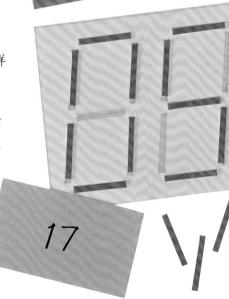

2 你可以如左上图这样标示摆好的火柴。

3 尝试用火柴来表示不同的时间。比如下图表示的是差11分钟8点,也就是7点49分。

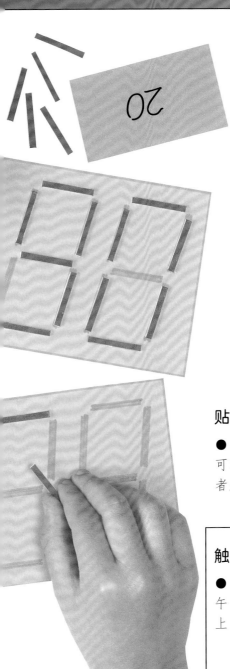

4 做一堆卡片，在上面写上从 17 到 21 的数字。

5 再做一堆卡片，在上面写一些时间，比如 06：00。

6 你和你的朋友们分别从第一堆卡片里选一张卡片，这个数字是你可以利用的火柴根数。

7 然后再选一张时间卡片。用规定数量的火柴来表示抽到的时间，最接近的人获胜。

贴心提示

● 如果你很难记住时钟上的数字，可以用一个计算器来提醒自己，两者显示的数字看起来是一样的。

触类旁通

● 你也可以用 24 小时制的时钟。下午 1 点时，它会显示为 13:00 ；晚上 10 点时，它会显示为 22:00 。

秒、分钟、小时

你去学校要花 1 分钟还是 15 分钟？你也可以说花了 60 秒或 900 秒。我们可以用很多方式来描述时间，但最好用别人容易理解的方式，不用说得太精确。

你多大了？

按小时算算你多大了，你需要一个计算器来帮忙。

1 用你的年龄乘以一年的总天数。如果你 9 岁了，它会像这样：

9x365=
3285 天

2 再用答案 3285 乘以一天的小时数。

3285x24=
78840 小时

3 为你的家人制作一张生日卡片，用小时来表示他们的年龄，并算出他们在下个生日时是几岁。

用小时表示
35 岁
_____

35 年 ×
365 天 ×
24 小时 =
306600 小时

4 做相同的计算，先用年龄乘以 365 天，再用结果乘以 24 小时。

生日快乐

爸爸

您今天已经是

306600

小时的年龄了

5 做一张卡片送给你的家人吧！

触类旁通

● 你可以按分钟估算一个人多大了。快速估算的方法是将一个人的年龄减半，然后在后面加上六个 0。如果你的朋友是 10 岁，按分钟算他就有大约 5000000 分钟大了。

8 岁
按分钟算就是
8 ÷ 2 = 4
加上六个 0 =
_____
约 4000000 分钟

157

时间和质量

时间	质量
60 秒 =1 分钟	1000 克 =1 千克
60 分钟 =1 小时	1000 千克 =1 吨
24 小时 =1 天	

24 小时制时钟

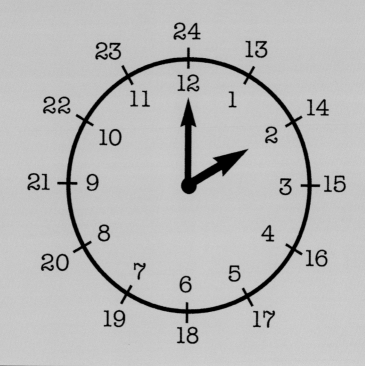

第七章

破解分数

什么是分数

分数是指整体中的一部分。一个蛋糕可看为一个整体。如果一个蛋糕被切下了一块，它就不再是一个整体，被切下来的这一块蛋糕就是整个蛋糕的一部分。

切苹果

1 这个苹果被切成了相同大小的两块，也可以说，苹果被切了一半。一半可用分数来表示，写成1/2。

2 这个苹果被切成了相同大小的四块，每块苹果是整个苹果的四分之一，写成1/4。

切比萨

1 沿着盘子外圈在纸上画两个圆，画成比萨的样子，然后剪下来。

2 将其中一个比萨对折，并沿着折痕剪开，变成两半。

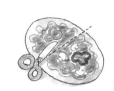

3 另一个比萨重复步骤2。然后，将剪下来的两半纸再次对折，并沿着折痕剪开，变成四块比萨。

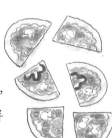

4 你能找到多少种方法使比萨片拼成一整个比萨？

触类旁通

● 尝试将三块 1/4 的比萨和一块 1/2 的比萨摆在一起，你将得到一个完整的比萨和一块多出的 1/4 的比萨。你可以将这种情况写成"1 又 1/4"或者 5/4。当分子大于或等于分母时，我们称它为假分数。

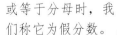

分数的加法

分数可以像其他数字一样相加。要想把分数变为一个整数，也可以通过许多不同的方法来相加。

搭建一个分数墙

1 你可以用彩色卡纸做一个小型分数墙。

2 照着下图形状在卡板上绘制图形并剪下来。你需要一个完整的方块，两个 1/2 方块，三个 1/3 方块，四个 1/4 方块，五个 1/5 方块和六个 1/6 方块。

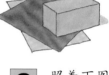

| 1/6 |
| 1/5 |
| 1/4 |
| 1/3 |
| 1/2 |
| 1 |

记住，墙的每一层都必须和完整方块大小相同。

3 你可以用这些方块搭建你的分数墙，先将完整方块放在最底下，然后将表示不同分数的方块混合起来往上搭建。

贴心提示

● 每一层和完整方块大小完全一样就是正确的。

触类旁通

● 写下每一层使用的分数方块。

● 制作其他分数的方块来延伸你的墙。比如九个 1/9 的方块。

均分

分数也可以表示一堆东西的一部分。当你和另一个人分得了同样多的糖果，这些糖果就被分成了两半。一半表示这堆糖果的一部分。

抓一抓！

这个游戏适合二至四个玩家来玩。你需要准备大约五十个小碎片，或用干豆代替。

1 把干豆放进一个小箱子里面，让第一个玩家抓出一把干豆。

2 试着将这些干豆分成同样多的两份，成功做到就获得 2 分。

3 把干豆分成同样多的四份，成功做到获得 4 分。

得 2 分

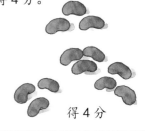

得 4 分

进入加分关卡！如果你可以把干豆分成同样多的三份，你就额外获得3分。

得3分

5 完成挑战后把干豆放回去，下一个玩家开始新一轮挑战。

触类旁通

● 抓到多少干豆会让你获得更高的分数？

● 继续游戏。记录下能获得最高分的数字，数字几最适合平分呢？

小数

小数是分数的另一种写法。如果你在电视上看到过体育节目，你会发现跳远或者扔铅球的成绩常常用小数表示。

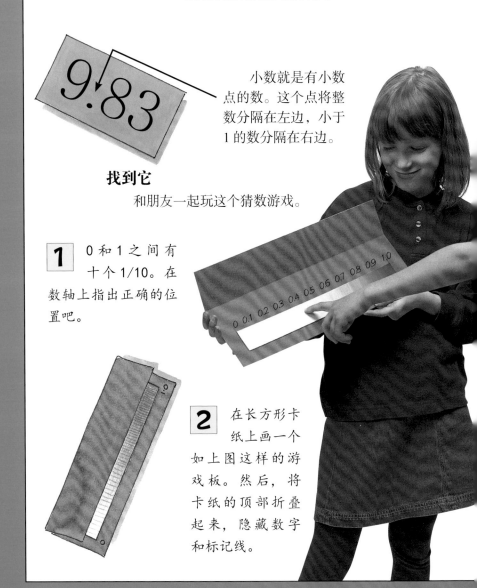

9.83

小数就是有小数点的数。这个点将整数分隔在左边，小于1的数分隔在右边。

找到它

和朋友一起玩这个猜数游戏。

1 0 和 1 之间有十个 1/10。在数轴上指出正确的位置吧。

0 0.1 0.2 0.3 0.4 0.5 0.6 0.7 0.8 0.9 1.0

2 在长方形卡纸上画一个如上图这样的游戏板。然后，将卡纸的顶部折叠起来，隐藏数字和标记线。

3 第一个玩家遮住显示数字的那一边，并要求第二个玩家从 0.1～0.9 中找到一个小数。第二个玩家必须估计出它在数轴上的位置。

4 揭开遮板，看看指得对不对！

触类旁通

● 试着在计算器显示屏上表示出 1/2。你需要依次按键 "1÷2="，你将在显示屏上看到 "0.5"。同样地，试一下 1/4，依次按键 "1÷4="，你将看到 "0.25"。试试其他分数。

● 当你按下 "1÷5="，会出现什么数字？这个分数是多少？

大或小

如何判断两个小数的大小呢？像134和273这样的整数，你可以从左边数字开始来比较。你也可以用同样的方法比较小数。

烦人的小数

1 这个游戏的目的是写出最大的数字，如果你赢了就画一个笑脸。先画一个右图这样的表格，然后第一个玩家掷骰子，并将骰子上的数字填到想要的位置。

☺ ＝你赢了

☹ ＝你输了

玩家		约翰		
十位	个位	十分位	百分位	得分
5	3	4	1	☹
6		3	2	

2 记得把大点的数字放在左边。你会把5放在哪里呢？要仔细想好哦！你可能会在下一轮掷出一个6！

3 第二个玩家掷骰子并决定将数字填在哪里，一直到四个数字都填完。

贴心提示

● 比较十位上的数字的大小，判断谁赢了。如果一样，就看它们右边的下一位数字，以此类推直到找出谁的数字更大。

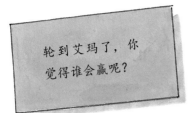

轮到艾玛了，你觉得谁会赢呢？

玩家 _____ 艾玛

十位	个位	十分位	百分位	得分
6	4	3	3	☺
	4		1	

触类旁通

● 你可以体验更多有趣的玩法。

● 胜利者可以是写出最小数字的人。

● 你们也可以两人一组来玩这个游戏。轮流掷骰子，尝试让数字尽可能接近，获胜方是数字之间相差最小的队伍。

小数的加法

小数的加法和整数的加法一样简单，关键是在相同数位上进行数字的相加。

如果说 23+34=57
那么 2.3+3.4=5.7

斑点卡片！

这个游戏要运用十分位的加法。十分位是小数点右边的第一位。记住，十个 0.1 相加等于 1。

1 剪下二十张彩色卡纸，做成斑点卡片。

2 卡片上写数字。确保在斑点卡片周围的数字加起来等于中间的数字。

3 玩家轮流举起斑点卡片，并遮住一角。

贴心提示

● 确保卡纸中间的总和是正确的，用计算器检查一下答案。

记得按小数点

4 你的对手能够算出被遮住的数字是几吗？

触类旁通

● 你可以换个游戏玩法，遮住中间的总数。

● 如果你能算出卡片中间的数字，你就能解决
"0.6+0.3+1.1= ？"
这种问题。

百分数

百分数是表示一个数占另一个数的百分之几。100 的一半是 50，100 中的 50 称为百分之五十。数学家用"%"作为表示百分数的符号，25 是 100 的 1/4，所以 1/4 可以被写成 25%。1/10 用百分数怎么表示呢？

百分数图案

看这一百个格子组成的正方形，每个小正方形代表 1%。

1 如果一半的格子被填满，那么就要涂满五十个小正方形，或者说是涂满 50% 的格子。

2 我们还有很多有趣的方法可以展示 50%！

3 找一些方格纸，试试你能否用方格纸的 50% 设计一个特别的图案。

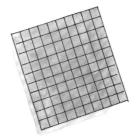

贴心提示

● 要涂满方格纸的 50% 就得涂满五十个小正方形。可以先用铅笔轻轻地在方格纸上画上记号。如果你数错了方便修改。

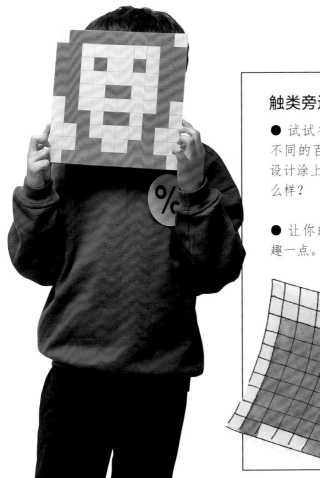

触类旁通

● 试试在方格纸上涂不同的百分比的方格，设计涂上 30% 或 51% 怎么样？

● 让你的设计变得有趣一点。

估算百分比

人们常常用百分比进行估算。如果老师说"班里大约有 50% 的人做了作业"。那么，他就是在估算班里大约有一半的人做了作业！

$$\frac{部分}{整体} \times 100 = 百分比$$

你的眼睛有多大?

这一百个正方形组成的方格纸代表一整天的 24 个小时。制作一个时间表，看看你如何度过一天。

1 你需要准备一张空白方形纸和一些用来填色的水彩笔。先将纸沿着一个方向一直对折，然后从相反方向一直对折。打开白纸后，你会发现有许多小方格。画一个 10×10 的大方格，它由一百个小方格组成。

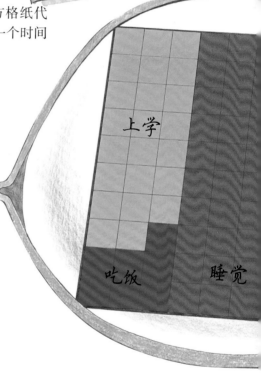

上学

吃饭　　睡觉

2 估算一下你看电视占用时间的百分比。然后给相应数量的格子涂上颜色。

3 接下来，估
算你一天花
在其他事情上的
时间所占用的百
分比，然后在方
格纸上涂相应的
数量。

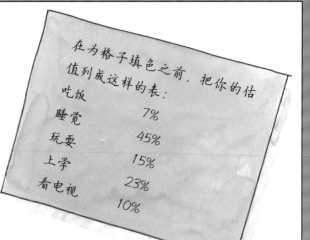

在为格子填色之前，把你的估
值列成这样的表：

吃饭	7%
睡觉	45%
玩耍	15%
上学	23%
看电视	10%

看电视

玩耍

贴心提示

● 确保方格纸被涂满，不应该留有空白，因为你总是在做着一些事，即使是睡觉。

● 用不同的颜色代表不同的活动。

触类旁通

● 你的估算有多准确？

● 找一位精通数学的朋友或成年人，让他们计算你一整天所做事情花费时间的真正百分比！

● 和你的估算比较一下。

---

4 将你完成的方格纸
和图上的对比，你
有没有估算过是睡觉还是
醒着的时间更多？

做到 100%

你有听说过 100% 纯正或 100% 真实的东西吗？100% 意味着一切、全部。50% 是描述一半的另一种说法。80 的 50% 是 40，36 的 50% 是 18，90 的 50% 是多少呢？

魔法地毯

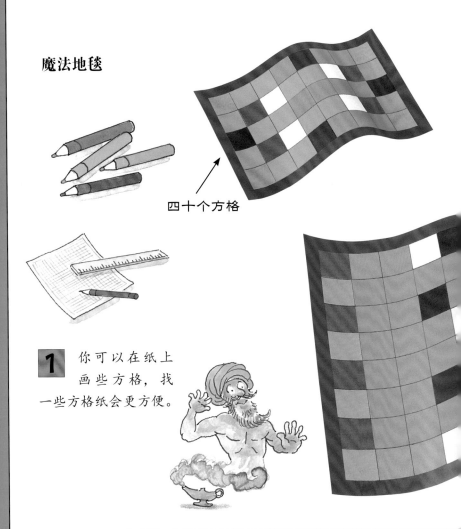

四十个方格

1 你可以在纸上画些方格，找一些方格纸会更方便。

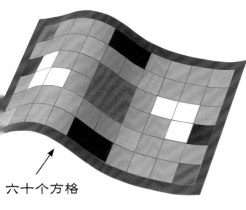

六十个方格

贴心提示

● 遇到困难时想想地毯的 50% 是多少。

● 六十个方格的地毯的 50% 就是三十个正方形！

● 总数的 10 %，即 60 除以 10，得出答案 6。所以，三十个方格被涂成蓝色，六个方格被涂成红色，六个方格被涂成黄色，六个方格被涂成绿色，六个方格被涂成黑色，六个方格被涂成白色。

2 用六种颜色设计你的地毯图案，你的设计必须有 50% 的蓝色，10% 的红色，10% 的黄色，10% 的绿色，10% 的黑色，10% 的白色。设计完后，检查百分比。

八十个方格

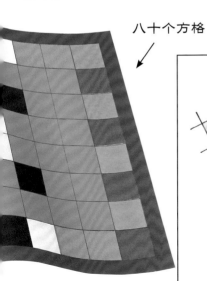

触类旁通

● 设计更多的地毯，这次把一些方格分成两半，使图形看起来更复杂。

比例

　　比例可以用来表示不同的东西占一个整体的比重。颜料通常由三原色——红、黄、蓝混合而成。为了得到一个具体的颜色，人们常按特定的比例混合它们。例如，混合两匙红色和一匙蓝色后是紫色，你也可以写成红色和蓝色的比例为 2 ： 1。

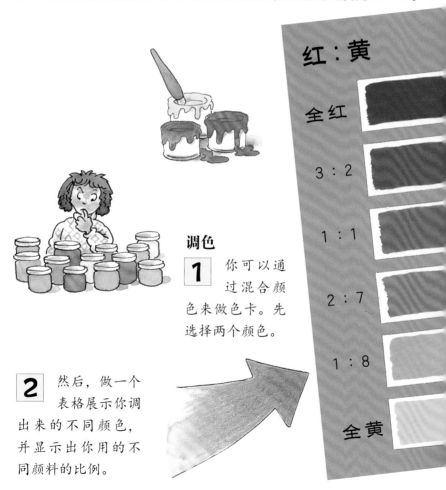

红 ： 黄

全红

3 ： 2

1 ： 1

2 ： 7

1 ： 8

全黄

调色

1 你可以通过混合颜色来做色卡。先选择两个颜色。

2 然后，做一个表格展示你调出来的不同颜色，并显示出你用的不同颜料的比例。

3 如果你以 3 : 2 的比例混合颜料，就使用茶匙取三份红色，两份黄色，小心地混合。

4 将不同比例混合出的颜色取少量涂在每个区域中，完成参考图。

贴心提示

● 调色时要确保每一份的量是一样的。最简单的方法就是使用一把茶匙，可以用一张硬纸板来控制用量。

● 调完一个颜色后，把颜料仔细涮洗干净。不然会得到看起来都一样的浑浊颜色。

触类旁通

● 想出更多混合三原色的方法。
● 1红：4黄：1蓝会是什么样呢？
● 你最喜欢的颜色是什么？是用怎样的比例调出来的呢？
● 尝试用不同比例调出你最喜欢的蜡笔颜色，直到找出与颜色相匹配的比例。

多物混合

比例还可以展示如何混合数量为两个以上的物品，如果你想记录面粉、黄油和糖制作饼干的比例，可以写成 3：2：2，它表示三份面粉、两份黄油和两份糖。

混合果汁

你可以小心地混合一些配料来制作新奇的水果饮料。

1 尝试用橙汁、苹果汁和苏打水混合。一个美味的组合比例是五份苹果汁、两份橙汁和三份苏打水，你可以试一试。

2 先找到一个小容器，例如一个蛋杯，再找一个大玻璃杯。用苹果汁将蛋杯装满五次，然后把它倒入大玻璃杯。

3 再加入两蛋杯的橙汁。

苹果汁	橙汁	苏打水	好喝/难喝
5	2	3	非常好喝

贴心提示

● 你可以用表格仔细记录要混合在一起的果汁的份数以及你喜欢的混合饮料的搭配。

4 最后倒入三蛋杯的苏打水。

5 品尝一下你调制的饮料怎么样？

触类旁通

● 尝试用其他的配料制作出完美的饮料。比如加一点柠檬汁，或者加一点醋！

● 问一下大人，你是否可以尝试加入这些配料。

完美比例

自然界中的许多事物，都以非常精确的比例生长。例如，每个人的头部大小与身高都有特定的关系或比例。如果测量出头围，然后将该长度乘以 3，答案就与身高大致相同。

你有六个鞋长高吗？

一般情况下，人的身高大约等于六个鞋长。我们可以使用比例来证明。

1 找一个长条硬纸板或长纸条，然后让一位大人站在旁边。先让大人脱鞋，将鞋的鞋跟放在地板上，鞋尖指向纸板上方。

2 用钢笔标记鞋尖的位置，然后向上移动鞋子，使鞋跟位于你标记的位置。

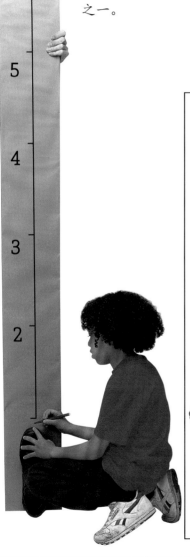

3 重复这个过程，直到你用鞋测量完大人的身高。你会发现大约有六只鞋长。因为一个人的鞋长大约是身高的六分之一。

贴心提示

● 小孩身体成长的比例通常与成年人的比例不同。你可以和你的朋友们试一试这个测试，但在大人身上测试可能更准确。

触类旁通

● 另一个迷人的身体比例被称为毕达哥拉斯的肚脐。这个比例是将肚脐距地面的高度与人的身高进行比较。通常比例为 1：1.6。

● 这是一个非常特殊的比例，它被称为黄金分割，古希腊人认为它具有神圣的属性。

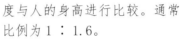

● 先测量身高，然后测量肚脐距地面的高度。用第二个高度除以第一个高度，结果接近黄金分割吗？

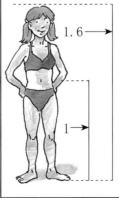

1.6 →

1 →

分数墙

1/9	1/9	1/9	1/9	1/9	1/9	1/9	1/9	1/9

1/8	1/8	1/8	1/8	1/8	1/8	1/8	1/8

1/7	1/7	1/7	1/7	1/7	1/7	1/7

1/6	1/6	1/6	1/6	1/6	1/6

1/5	1/5	1/5	1/5	1/5

1/4	1/4	1/4	1/4

1/3	1/3	1/3

1/2	1/2

1

第八章

标记点和位置

指南针指向

多年以来，水手和探险家通过指南针上的指向探路。因为磁针始终指向北方，所以你可以确定其他方向。有时，指针还会显示在北、南、东和西之间。

海盗的宝藏！

1 你要给"海盗"指引宝藏的方向！你需要准备一个眼罩、一盒充当宝物的糖果、一大张纸和记号笔。

2 你需要制作一个指南针。"贴心提示"里有制作步骤。

3 在玩游戏前，先让大家看一下指南针。然后，选两个人来当海盗和海盗助手。蒙住海盗的眼睛，让他站在指南针上旋转几圈，确保他最后面向北方。

4 把宝藏藏在房间里的某个地方，让助手指挥海盗去寻找宝藏。助手得给海盗一些指示，比如"向东转，往前走2步。然后向东北转，往前走4步⋯⋯"，看看要用多久才能找到宝藏。

贴心提示

● 记住指南针指向，方法一：将指南针和钟面对照，北在12点方向，东在3点方向，南在6点方向，西在9点方向。

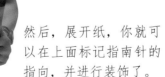

● 方法二：用北、东、南和西组成一个短语，比如上北下南左西右东。你还能想到其他的吗？

● 你可以自己制作一个指南针。先将一张圆纸折成四等份，再把它对折，折成小扇形。

然后，展开纸，你就可以在上面标记指南针的指向，并进行装饰了。

要让它看起来像真正的指南针哦！

地图参照

地图绘制者在地图上绘制出纵横交错的网格。我们可以通过参照点或地址找到地图上的每个地方。

疯狂的杯子

你能用地图参照的方法找到糖果吗？

1 你需要准备马克笔、一把尺子、糖果、彩色卡纸和十六个塑料杯。你可以给杯子涂上颜料，防止看到杯子里有什么。

2 在卡纸上画一个由十六个正方形组成的网格，然后把杯子倒扣在每一个正方形上。如图所示在正方形底边和侧边标注。

3 偷偷地把一颗糖果藏在某一个杯子下面，让朋友猜藏在了哪儿。

他们必须说出参照点，比如，C2。猜对了回复"正确"；猜得与正确位置相距仅一个杯子回答"差一点"；猜得与正确位置相距较远回答"错误"。

4 你们要多久才能找到糖果呢？

贴心提示

●先说字母再说数字是一个好习惯，因为这是地图参照的惯用方法。

A2 或 C4

触类旁通

●你可以用更多的杯子玩这个游戏！

●你能找到多少个杯子？借用杯子要先征得大人的同意。试试把杯子摆在长方形网格上。

●你可以尝试多藏一点糖果，比如两个或三个。

坐标

坐标是用来确认图上标绘的点的位置。在平面二维图上，可以用一对数字表示一个位置，例如（5，1）。第一个数字表示该点沿横轴移动的距离，第二个数字表示该点沿竖轴移动的距离。

连连看

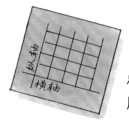

1 这是一个两人游戏，你需要准备一些卡纸、一把尺子、马克笔、两个骰子和两套不同颜色的棋子。

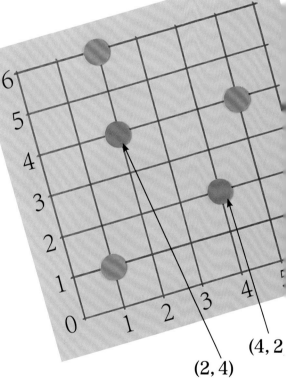

(2, 4)

(4, 2

2 做一个像前文那样的游戏网格，每条直线之间相距2.5厘米。在左下角直线相交的地方写一个0，然后如图在每条轴旁边写上数字1～6。

3 第一个玩家掷两个骰子。如果掷出的数字是一个4和一个2，选择把棋子摆在（2，4）上或者（4，2）上。

4 接着第二个玩家掷骰子。必须把棋子摆在空的地方。

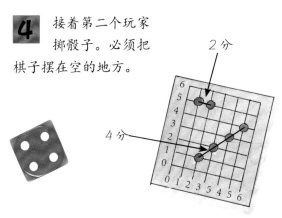

2分

4分

5 每放一个棋子得1分；如果两个棋子连成一条线，得2分；如果三个棋子连成一条线，得3分。以此类推。

6 记录下你们的分数。十二轮后获得最高分的玩家胜利。

贴心提示

● 如果你觉得记住坐标书写顺序很困难，就把它想象成先"过走廊"，再"上楼梯"。

触类旁通

● 你可以利用游戏网格来玩"寻找X点"的坐标游戏。

● 第一个玩家在心里决定X点的坐标，比如（2，2），然后写在纸上，放进信封里。

● 另一个玩家来猜X点坐标的位置。

● 第一个玩家给出提示，告诉他现在和X点之间还有多少个空格。不能算对角线距离，例如（4，4）距离X点有4个空格。

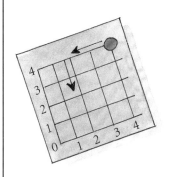

● 另一个玩家多久能找出X点呢？

迷宫

你在迷宫里迷过路吗？迷宫里有很多左、右转弯道和死胡同。成功走出的秘诀是知道往哪个方向走。

弥诺陶洛斯迷宫

在希腊神话里，有一个叫作弥诺陶洛斯的怪物住在迷宫里。这个迷宫很复杂，没有人能逃出去！

1 自己制作一个弥诺陶洛斯迷宫。你需要准备一大张白纸、橡皮泥、颜料和铅笔。

2 把橡皮泥搓成细长条的形状来当迷宫的墙。

3 把橡皮泥条在纸上摆成左、右转弯道。

4 确保迷宫有入口和出口。你能做出一个多难的迷宫呢？

5 当你满意迷宫设计后，在纸上涂好颜料，并沿着橡皮泥描绘墙边。

贴心提示

● 在纸上涂颜料描边的时候别把颜料笔弄得太湿。不然颜料可能会透过橡皮泥，导致看不清墙边。

触类旁通

● 凯尔特人也很喜欢迷宫。他们那里的许多建筑物都设计成下图这样。

● 你能制作一个适合圆形的曲线迷宫吗？

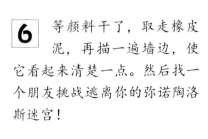

6 等颜料干了，取走橡皮泥，再描一遍墙边，使它看起来清楚一点。然后找一个朋友挑战逃离你的弥诺陶洛斯迷宫！

四分之一圈

当人们说转弯的时候，他们通常是指向左或者向右旋转四分之一圈。四分之一圈有点像正方形边角线间的转弯。

制作包装纸

利用转弯制作包装纸。你需要准备一些大土豆、颜料、一把尺子、一支铅笔、一把小刀（先征得大人同意）和一张你能找到的最大的纸。

1 把土豆像这样切成两半，在土豆切面用黑色铅笔设计一个图案。

2 让一位大人帮你削土豆，要把设计的图案凸显出来。

 3 在土豆顶部划一个"V"字形，显示出土豆印章的方向。你就可以准备印了！

4 选择一种颜色涂在你设计的图案上，并确保"V"字形尖端指向你，然后在纸上轻轻地按压土豆。

5 把土豆像这样顺时针旋转四分之一圈，接着在下一个方格里印下印章。

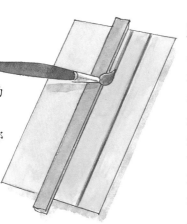

6 重复这样的旋转过程，直到所有格子里都印上印章。

贴心提示

●均匀分布印章会更好看。你可以用尺子和画笔或马克笔画辅助线，并把它作为图案的一部分。把尺子放在纸上画一条线，再估算接下来放置尺子的位置。记得要小心地拿起尺子，因为它可能会弄脏纸！

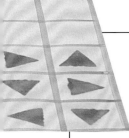

触类旁通

●你可以使用两种颜色让图案变得更有趣。
●试着用土豆印章创造出更多不同寻常的图案。

旋转的花纹

世界上许多国家的人都喜欢在家里或建筑物上使用花纹图案。一些漩涡状图案看起来很复杂，但如果你找到旋转的规律后，制作起来就非常简单了。

木章印花

1 你需要准备一个边长大约5厘米的正方形木块，一把剪刀，一支铅笔，一把尺子，一些粗绳，强力胶，颜料和白纸。

2 在如左图的木块顶部做一个箭头标记，这样你就可以在盖印章时看到它指向的方向。

3 转到底面，在木块的每条边上都做两个标记，标记间隔约2.5厘米。

2.5厘米

4 接下来，剪下一些短绳，把它们粘在木块上。确保短绳连接木块上的所有标记点。

5 给绳子涂上颜料，紧紧按压在网格纸的一个正方形上，然后小心拿起；顺时针旋转四分之一圈，在下一个正方形里盖印章。一直重复这个操作，直到网格被填满。

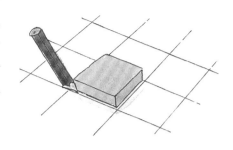

贴心提示

●为了使你的木印花纹尽可能准确，你最好先绘制出正方形网格。先描出木块的轮廓，然后沿着其中一条边继续描轮廓，一直重复这个操作。

触类旁通

●进行更多的设计，这一次把绳子拉直连接两个标记点。把绳子用直线和曲线混合的方式黏合也会产生有趣的效果。尝试不同的设计和不同的旋转方式。

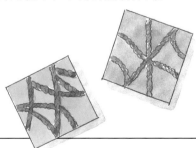

角度

四分之一圈转过的角度称为直角。正方形和长方形有四个直角。直角角度为 90 度，角度小于 90 度的叫锐角，大于 90 度小于 180 度的叫钝角。

钓鱼游戏

1 你会钓鱼吗？玩钓鱼游戏，你需要制作十八张游戏卡片，在每张卡片上分别画直角、钝角、锐角，各六个。你还可以在卡片背面画上小鱼。"贴心提示"可以给你建议。

2 游戏的目的是尽可能多地收集角度卡片。

3 开始打乱卡片，把它们扣放在"池塘"里。第一个玩家翻开三张卡片。

4 留下相同类型的角度卡，把不同类型的卡片放回去，并试着记住它们的位置。然后下一个玩家开始游戏，最后获得最多卡片的玩家获胜。

贴心提示

● 先做一个直角测试仪。找一张卡纸，如图所示将它对折两次。进行第二次折叠时，确保折痕对齐。

● 直角：用笔沿着尺子画一条直线。将测试仪的一条折边靠在直线上，然后用笔沿着测试仪另一条折边画出直角。你可以用一个小正方形标记在边角处。

● 锐角：把测试仪放在其中一条直线上，如果它覆盖了整个角度，那么该角度为锐角。

● 钝角：使用测试仪覆盖时，你可以看到钝角的一部分。

触类旁通

● 平角是 180 度，大于平角且小于周角（360 度）的角称为优角。它们看起来向后弯曲！做六个优角卡片并将它们添加到池塘中。

优角

旋转角度

两条线之间的夹角可以用度测量。一整圈有360度，半圈为180度，四分之一圈为90度。

1 用圆规在卡纸上画一个半径为5厘米的圆。在大圆里面接着画一个半径约为大圆一半的同心小圆。然后把大圆剪下来。

那是什么角度？

你能快速估算角度吗？要玩这个游戏，你需要做一个刻度盘。

2 选择一张不同颜色的卡纸，画一个半径为3.8厘米的圆，并把它剪下来。

3 从两个圆的圆周到圆心画一条直线。然后，用剪刀沿着线剪开。

4 像这样，在大圆圈里的小圆圈周围写下角度刻度。

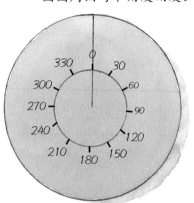

5 转动两个圆纸板，使它们重叠并隐藏数字。先让你的朋友找一个角度，让大家估算一下，并把手指放在刻度盘相应的位置上。

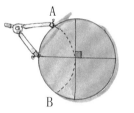

6 将较小的圆圈转到手指的位置上，看看是否猜中！

贴心提示

● 按以下步骤在圆上准确标出度数。

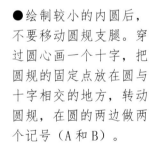

● 绘制较小的内圆后，不要移动圆规支腿。穿过圆心画一个十字，把圆规的固定点放在圆与十字相交的地方，转动圆规，在圆的两边做两个记号（A 和 B）。

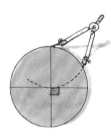

● 在其他三个十字与圆相交的地方重复这一操作。然后，经过圆心将两边相对的记号连成一条直线。

201

更多的旋转

直线相交形成的角度用度来测量。数学家经常把度写成一个小圆圈，放在数字右上方，比如 90°。

收集宝物

1 这是一个适合二至三人玩的游戏。在卡纸上画一个宝藏网格，参照上一页的"贴心提示"准确地标记角度，然后，用明亮的颜色装饰它。

2 做两套颜色不同的卡纸各十张。在第一套卡纸上写下数字 0、1、2、3。在第二套卡纸上写下数字 0～9。

3 用糖果等物品当作宝物，把宝物放在卡纸上的每一格中。

330°　　360
300°
270°
240°
210°
180°　　150°

4 玩家轮流从第一堆卡纸中抽取一张，从第二堆卡纸中抽取两张，组成一个角度。假如抽到248°，他们就要拿起240°和270°中间的宝藏。收集最多宝藏的玩家获胜。

贴心提示

● 如果在第一套卡纸中抽取的是数字0，比如062°，你可以忽略那个0，这样你抽取的角度就是62°。

30°
60°
90°
20°

触类旁通

● 你可以把圆圈换成比萨！把比萨切成十二块。如果赢了，就拿走那块比萨！

203

魔镜，魔镜

看看镜子里的你，除了动作相反，长相和你一模一样。当形状被反射时，有时看起来完全不同，有时看起来一模一样。如果看起来一样，那么镜子就在一条对称轴上。

减半！

你会画半张脸吗？

1 在一张纸的中间画一条直线，这就是你完成绘画后放镜子的那条对称轴。

2 在直线的一边画半张脸。

3 最好把纸沿着直线折起来画，这样你就不会误画到另一边去了。

4 完成你的绘画后，把镜子垂直放在对称轴上，然后看看镜子里的画。两边的脸一模一样，形成一张完全对称的脸。

贴心提示

● 在你开始画脸之前，先对着镜子观察你的脸。然后像这样用一本大一点的书遮住你的半张脸。你能看到几只眼睛？几只耳朵？几个嘴巴？几个鼻子呢？

触类旁通

● 意大利著名的艺术家达·芬奇想把他的日记内容保密，所以利用镜像书写！这非常难看懂。

● 你可以镜像书写你的名字吗？用镜子检查你写得对不对。

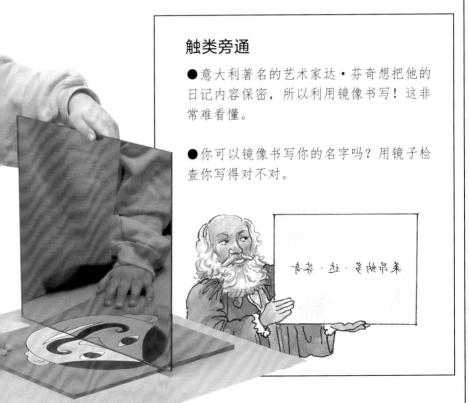

反射对称

一些图形有着多条对称轴。这意味着把镜子摆在多个位置上，图形看起来还是一样的。正方形有四条对称轴，长方形有两条对称轴。

彩旗大富翁！

集会或派对上的彩旗常常是一长条重复的对称图形，每一个图形都是前一个图形的反射。

1 制作这些图案很有趣，你可以制作一个彩旗来装饰公告栏的边框或者你的相框。

2 将一张纸像图示这样对折两次。如果你有一张很长的纸，可以再多折几次。

3 　在折叠后的纸上剪下一个正方形。用铅笔在纸上画一个形状，比如一个人形。

贴心提示

●画图时确保它连接到折叠正方形的两边。否则剪出来的所有彩纸都会变成碎片！

触类旁通

●利用反射对称为聚会制作餐垫。

沿着盘子在纸上画一个圆并把它剪下来，将它像图示这样对折三次。

4 　在仍然折叠的状态下剪下画的形状，你可以找一位大人来帮助你。不要剪断侧面与边缘相交的地方。然后展开纸张，你会发现，出现了许多原始形状的完美镜像图形！

然后，用剪刀剪掉一些形状。完成后展开纸，欣赏你的手工餐垫吧！

旋转对称

如果一个图形围绕中心点旋转后，可以与原来的图形重合，我们就可以说它具有旋转对称性。

旋转中

你可以用旋转对称性制作出许多惊人的图案。

1 在卡纸上画一个比你的手大的图形。可以用曲线，可以用直线，也可以是两者混合。但不要太复杂，不然会很难剪下来。

2 剪下这个图形，然后用图钉刺穿中间。你可能需要一位大人的帮助。

3 如图示把这个图形钉在一张纸中间，然后轻轻地在纸上描下图形。再把图形绕图钉旋转四分之一圈，使顶部面向右侧，描下图形。重复这个操作，再旋转两次。

208

4 拿起这个图形，取走图钉，并使用粗马克笔描出新图形的外边。这个新图形具有四阶的旋转对称性。你会发现它可以旋转到四个不同的位置，并且与最初的形状一样。

贴心提示

● 当你旋转纸上的形状时，可以在下面垫一些硬纸板，防止图钉在桌子上钻个洞！

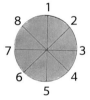

触类旁通

● 绘制八阶旋转对称的图形也很容易。想象一下指南针的八个方位。

● 制作一个新的小图形，使它旋转到指南针上的八个方位上，并进行描边。然后像之前一样将它剪下来粘贴。

5 剪下这个图形，并把它翻转过来，这样就看不到铅笔线条了。把它贴在彩纸上，让它看起来更好看！

最初的图形

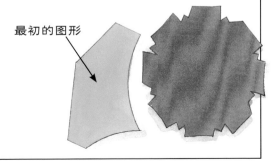

角度和指南针

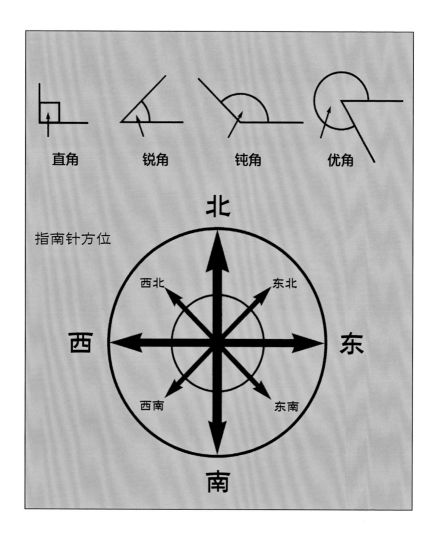

直角　　　锐角　　　钝角　　　优角

指南针方位

北
西北　东北
西　　东
西南　东南
南